The Decision Gene

决策的基因

李娟◎著

科学出版社

北京

内 容 简 介

人的决策行为是一类复杂的既具有智能性又具有社会性的自适应选择行为。对于"人的行为决策到底是什么"的问题,不存在标准答案。

本书将最新科学研究结果与当今社会现象结合,用贴近生活与常识的方式解读行为决策,具体内容包括6个板块共40篇文章。书中探讨的理论与现象可以启发读者继续探索人的行为决策究竟是什么及其背后的动机。

本书适合管理学、心理学和社会学等领域的在读学生、高校教学科研人员,以及对行为决策感兴趣的人士阅读。

图书在版编目(CIP)数据

决策的基因 / 李娟著. —北京:科学出版社,2017.2
ISBN 978-7-03-051728-9

Ⅰ. ①决⋯　Ⅱ. ①李⋯　Ⅲ. ①决策(心理学)
Ⅳ. ①B842.5

中国版本图书馆CIP数据核字(2017)第024864号

责任编辑:朱丽娜　高丽丽 / 责任校对:张小霞
责任印制:徐晓晨 / 封面设计:润一文化
编辑部电话:010-64033934
E-mail: psy-edu@mail.sciencep.com

科学出版社 出版
北京东黄城根北街16号
邮政编码:100717
http://www.sciencep.com

北京建宏印刷有限公司 印刷
科学出版社发行　各地新华书店经销

*

2017年2月第 一 版　开本:890×1240　1/32
2018年1月第三次印刷　印张:9
字数:276 000
定价:49.80元
(如有印装质量问题,我社负责调换)

他序

行为决策与决策行为

应李娟博士的邀请,为《决策的基因》一书作序,于是在最近出差的行囊中多了这本书稿,我必须尽快在候机楼和高铁上把书稿看完,方可下笔。

通读全书,可以感觉到李娟不仅熟悉行为科学基本理论与认知心理学实验方法,还谙熟深入浅出的教学方法,尽量用贴近生活与常识的方式来解读行为决策,娓娓道来,讲解得热情而又细致,全然不觉枯燥。我估计,对于不少读者来说,读此书会是一次轻松惬意的阅读之旅,在作者的导游下,一边前行,一边听作者讲述美妙的景点故事。从初章至最末,中途虽偶有小憩,但总体上是一气呵成和完整的。

若非要归类,此书应当是科学著作中的小品文类著作。作者凭借多年的阅读、与学术同行的交流,以及自己开展学术研究和思考的体会,把日常的"微文"攒成了这样一本系统性的著述。此著带领读者在行为科学和心理学实验的基础上,认识人的决策行为背后的动因,并附加了作者的体验,使得对行为决策的分析和理解诙谐、幽默。因此,此书有"戏说"决策的韵味和科学决策的内涵,可用"妙趣横生"四个字来概括其特点。

"妙"在将最新科学研究结果与当今社会现象结合起来做分析。陈文旧事无人采,唯有新探惹涟漪。科学研究的前沿探索也就是关注最新现象引发的最新理论，以及最新理论指导下的最新实践。能够两者车马骈阗，必是妙佳之事。

"趣"存诗文曲词大意里。此书在理论的解读和现象的铺陈里，引述了很多诗词文曲。国学语言的趣味与精准被很好地借用，使得原本枯燥的学术尽显玲珑妙曼之美。大抵现在的研究太多文短理长的理论基础、实验设计、数学建模，因此，读此书则能感受颇多趣味。

"横"于不同社会现象与决策分析跨度中。作者以一个比较开阔的视野，在阅读与感悟中探讨了来自心理学、行为科学、经济学、营销科学等不同领域的现象与成果，亦如登高一览天地间，山川江流万里延。

"生"为书中探讨的理论与现象可以启发读者进行新的探索与创新。好的文章与书籍总能够循循善诱、缶击鼓鸣。此书所涉猎的心理学和行为科学的理论与实验的研究发现，对当下的管理决策领域的发展有着多方面的启发和借鉴。有道是"不是人间种，移从月中来。广寒香一点，吹得满山开"。

李娟博士的著作《决策的基因》是以认知心理学及其实验研究作为主线，同时兼顾了其他行为科学领域的研究方法，如实验研究方法、准实验研究方法、单被试研究方法、观察性研究、相关性研究等，向读者表达了以下两个核心学术观点：第一，认知心理学对决策行为具有本质性影响；第二，认知心理学实验对于揭示和发现人的认知心理规律是极其重要的。并且由于以上两点，李娟博士为此书起了一个"饱含深情"的书名：决策的基因。

李娟博士作为一位行为决策领域的学者，她在此书里如此强调这两点，包括把认知心理比作遗传学中的基因都是可以理解的。因为她主要是为诸多领域读者提供一本学习行为决策理论的入门图书和扩展读物，这就必须借助于浅显易懂的语言，包括此书的书名。作者在书名上巧妙地运用了科学的隐喻手法，使此书的主题和重点更加简洁、生动和栩栩如生。

事实上，决策是复杂的，"基因的图谱"是不明确的，"基因的进化"是不确定的。因此，此书还为我们提供了以下未来科学探索方面的启迪。

首先，人的决策行为是一类复杂的既具有智能性又具有社会性的自适应选择行为。其中，"智能性"是人的生理-心理层次的个体属性，它在很大程度上由决策主体（即人）的本能、情感、感觉、记忆、认知、学习、偏好、判断、追求、想象等心智基元所决定，此类个体认知心理因素直接、显现、直白地导致的人的决策行为，往往是一类简单的、基本呈线性关系或者短程因果关联的个体决策行为，而真正在管理学中出现的决策行为，不仅具有复杂的"决策主体智能基元—智能主体—群体—系统整体"的跨层次性，更表现出强烈的"社会性"。所谓决策行为的"社会性"，是指除了人的"智能性"外的"个体—群体—组织—组织体系"所表现出来的多层次、多尺度、多阶段复杂的动力学属性。其中，决策行为的"社会性"最显著的特征是，在基于决策环境、决策情景与决策目标自上而下的导向与约束下，个体心智秉性自下而上逐层通过个体之间相互作用、组织之间相互作用而"涌现"出来的社会性行为。个体认知与群体认知的复杂涌现、相变、演化、突变的关系，是管理的决策科学领域非常值得思考和探索的方向。

其次，实验认知心理学方法是把整个认知心理学向前推进的主要动力，但是管理决策依赖于情境，情境生态是管理决策的基础。许多精彩而巧妙的实验的确揭示和挖掘出了不少关于人的认知心理知识和规律，但是应该看到，关于人的认知心理实验，可能受限于实验的过程不可逆、成本高、周期太长（或太短）、经费有限等，研究者往往无法开展具体和实质性的实验研究工作，也不太可能针对研究对象直接进行实验。特别是相对于其他类的研究方法，人群实验难以控制、重复，较难处理宏观层面的问题；难以连续地反映研究对象的动态演化，还受道德、伦理、法律等方面的限制。这样，实验结果一般会受实验对象对问题的理解或操作技巧的影响而难以重复，因此，如何保持管理决策的实验情境生态是方法论层面的一个具有挑战性的问题。

这些都是更复杂、更严谨的科学论题，需要更深刻的研究与更巧妙的表述方法才能把握和理解。

总之，此书体现了科学性与人文性的紧密融合。可喜的是，这出于一位年轻学者之手，让我看到了年轻学者在将科学思维与人文素养结合的基础上，如何把文章（包括题目）写得生动，此书就是一个范例。

写下这些文字作为对此书作者和那些勤于思考、不懈探索的青年学者科学创新精神的鼓励和赞许。

是为序。

农历丙申年玄月于南京大学

自序

面　　对

南京大学周围的书店明亮华丽，文学大家、海外知名学者、网络知名作家的书满坑满谷，有点排山倒海的架势。每次跨进那华丽的书店，就难免自疑：将研究过程中对于行为决策问题的思考，借助于日常生活中的经历与观察、与友人交谈的一个个场景，道出的一家之言，这在我的人生紧要关头，究竟有什么意义？隔天的旧报纸还可以拿去包银行里领出来的钞票，书恐未上市就已被下市。

我知道，这些关于行为决策的文章，既不能教人如何立刻增加物质财富，也不能教人如何"游山玩水"，享受人生的艺术，更不能为万世开什么太平。"只是多年来，常常情不自禁地去思考，人性基因导致的那些傻瓜行为是否真的一无是处？譬如，过度自信总是不好吗？去赌运气总是盲目的吗？本书所写的文章就是一颗颗时间胶囊，有意无意间体现出了这个阶段自己关于行为决策的思考。"本书的主要内容大体如下。

第一篇讨论了两性决策的差异。毫无选择地，我是个女人，生下来就不是一张白纸，而是带着千年刻就的男权价值体系。带着这样的先天印记，我开始体验自己的人生，阅读了很多关于经济环境中男女差异的书籍和文章，然后大惊失色地发觉：女性，勇于与女性竞争，怯于与男性竞争。于是，原本纯属抽象的男女平权、择偶偏好等，突然变成和日日所吃的早餐——小馄饨、豆浆一样的万分具体的生活实践。面对男权社会的巨大投影，一发不可收拾，从男性和女性的进化,以及婚恋的视角,探索人类本性是如何影响男性和女性的择偶标准?新娘如何让新郎出一个好价格?为何更自作多情的男性其实也愿意接受一夫一妻制?

第二篇是关于无奈的傻瓜决策。人生在世过得快乐才是最好的状态,不必揪着自己身上的一些缺点不放手。有时,自己会有点欲罢不能、跟着感觉走、见了树木忘了森林。大多数人都只是平凡的一员,所以在作出最大努力之后,要试着接受那个不完美的自己,并与不完美的自己共度一生。学中医的贯剑师兄说,每一天要花费十分钟,安静下来,倾听自己的气息,用大脑问候身体内的每一个器官:你可安好?这引发了我的思考:自己的不完美,是否部分由本能的生理反应所导致的呢?

第三篇讨论了人性中的偏见、嫉妒、孤独、赌运气、爱"装",这些看似是缺点的特性如何影响人类的决策行为?总是去克服看似不足的缺点,呈现他人眼中的完美,是不是总是一个上佳决策?其实,人类在坦然接受自身的不足后,还会发现每一种暗黑的决策都有其光明的一面。

第四篇讨论了有关看似是傻瓜式、非理性的决策,其实是聪明式、理性的决策。福柯说:"正常人认为疯子是疯了;其实,疯子认为自己是正常的,正常人才疯了。"[①] 虽然各类心灵鸡汤和励志图书都在鼓励人们去避免拖延、随大流、信任某种神奇的力量,但我希望表达的是,人类这个物种有时候需要坦然接受自身的不足,接受之,利用之,幸运的话,这些"傻瓜"式的决策有可能成为人类前进道路上的垫脚石而不是绊脚石。

第五篇关注行动的动机。动机是激励和维持行动,并将行动导向某一目标,以满足人的某种需要的内部动因。这个动因可能是以往所投入的努力、希望和他人的合作、唯恐失去的情感、免费的诱惑、避免被罚的企图,也可能是内心的某种不满、身处新起点的恐

[①] 福柯:《疯癫与文明:理性时代的疯癫史》,刘北成,杨远婴译,北京:生活·读书·新知三联书店,2003年。

慌、心理距离的差异、做了又怕后悔的情感等。

　　第六篇是关于决策中的人性之善。尹淑雅教授说，她的每一个重要决策和行动都不是以金钱作为动机的，甚至很多时候，金钱都没有进入决策动机的前三名。学术界的教授如此，在社会生活中，很多普通人也是如此。人之所以为人，是因为人与人之间能够进行各种情感的交流，这不禁令人思考，哪些情感因素会影响人们的决策行为呢？

　　好奇心驱使我用原始的眼光观看世界中的种种决策；受益于学术训练，我得以用科学的研究方法表达出关于"人是如何决策"的观点。我所做的是，用一种严谨但不一定严肃的方式，记录下自己思考的问题，寻找解释的心路历程。

　　参差多态乃是世间本来面目，任何问题从来没有唯一的答案，"人是如何决策"的问题同样如此。基因的本质决定了人人都是非理性的，我想要探索的是，在何时何地，不完美的人性也能够展现出其光明的一面。我所面对的问题往往出自"我为什么要这样决策"的自觉，我必有偏执和愚钝，这就需要读者自己警觉了。

李文虎
于南京大学工程管理学院
2016 年 7 月 20 日

目　录

他序　行为决策与决策行为

自序　面对

第一篇　择偶决策　/ 1

面对男权社会的巨大投影,原本纯属抽象的择偶偏好、男女平权如日日所吃的早餐一样万分具体。女性偏爱高富帅的男性，而男性钟情忠贞的女性,怯于与男性竞争的女性却勇于与女性竞争，常常自作多情的男性也不得不接受一夫一妻制，且女性总有动机为作为新娘的自己定一个高价。在感情世界中，饮食男女们上演的这些相爱相杀戏码，其背后的原因是什么呢？

男神如此绊人心　/ 3

女神如此绾君心　/ 9

女人，勇于与女人竞争，
　　怯于与男人竞争　/ 15

男性更易自作多情　/ 23

男性也接受一夫一妻制　/ 29

新娘的"价格"　/ 35

第二篇 | 无奈的傻瓜决策 / 41

多数人是平凡世界中的平凡一员，需要努力适应与平凡的自己共度一生的境况。人常常或是忘乎所以，要凭感觉做决策，或是自命不凡，认为见树即见林，或是心随身变，随波逐流而失去方向。虽然不必揪着这些缺点不放手，却有必要思考：人所作出的不完美决策是由何种生理反应导致的呢？

欲罢不能 / 43

跟着感觉走 / 49

心为身役 / 55

此钱非彼钱 / 61

聪明反被聪明误 / 67

见树不见林 / 73

抓住相关性漏了因果性 / 79

过忙让人傻 / 85

男性衰落还是女性崛起 / 91

第三篇 | 暗黑决策也有光明一面 / 97

总是去克服看似不足的缺点，呈现他人眼中的完美，未必总是一个上佳决策。偏见和嫉妒能够激发人的斗志，"装"带给人积极的心理暗示，坦然接受他人的幸灾乐祸拉近了彼此的心理距离，独处赋予人精神力量，看脸有助于人快速作出决定。存在即合理，这些看似是缺点的特性也有其光明的一面。

偏见有时是好事 / 99

嫉妒也有美德 / 105

"装"得其所 / 111

接受暗黑的幸灾乐祸 / 117

孤独也有力量 / 123

刷脸有道理 / 129

第四篇　聪明的傻瓜决策　/　135

一些决策看似是傻瓜式、非理性的决策，其实是聪明式、理性的。擅八卦的人有更多机会和他人合作，延迟享受的回报丰厚，随大流、帮助人规避潜在的风险，去赌运气和使用安慰剂，也能给人带来积极的心理暗示。

八卦促进合作　/　137
延迟享受有回报　/　143
随大流的积极力量　/　149
运气有时可以赌　/　155
信则胜，不信则败　/　161

第五篇　行动的动机　/　167

行动并非总受金钱的驱动。行动的动机可能是以往所投入的努力、希望和他人的合作、唯恐失去的情感、免费的诱惑、避免被罚的企图，也可能是内心的某种不满、身处新起点的恐慌、心理距离的差异、做了又怕后悔的情感等。人该如何利用非金钱的行动动机，进而采取积极的行动呢？

从心上改　/　169
决策的投名状　/　175
失去才会行动　/　181
轻罚之下出现勇夫　/　187
促进合作的法子　/　191
新起点的力量　/　199
距离影响决策　/　205
让她甭纠结　/　211
我要买买买　/　217

第六篇 决策中的人性之善 / 223

> 人之所以为人，是因为人与人之间能够进行各种情感的交流，这些能够交流的情感影响着人们的决策行为。有人认为，人之初，性本善，虽然不同人的共情心水平大不相同，但人人都有共情心并偏爱公平；也有人认为，人之初，性本恶，需要用制度去管理人性中的恶，将恶转化为善，让利他者也需自利。

人人都有共情心 / 225
感同身受 / 231
偏爱公平感 / 237
从私有到共享 / 243
利他者也需自利 / 249

参考文献 / 255

致谢 / 267

第一篇

择偶决策

| 男神如此绊人心 |

十六岁的郭襄与草莽英雄敞开心扉，把酒言欢，听闻神雕大侠的事迹，心生爱慕，就和西山一窟鬼来了一场说走就走的旅行。之后见到了神雕大侠，就有了这段痴情的自白：

可惜我迟生了二十年。倘若妈妈先生我，再生姐姐，我学会了师父的龙象般若功和无上瑜伽密乘，在全真教道观外住了下来，自称大龙女，小杨过在全真教中受师父欺侮，逃到我家里，我收留了他教他武功，他慢慢地自会跟我好了。他再遇到小龙女，最多不过拉住她的手，给她三枚金针，说道：小妹子，你很可爱，我心里也挺喜欢你。不过我的心已属大龙女了。请你莫怪！你有什么事，拿一根金针来，我一定给你办到。[1]

那时的杨过处于一个男人的巅峰时期，名满江湖，更何况，他还痴情。

郭襄爱上杨过，与现在少女爱上大叔的爱情故事如出一辙——大叔积攒了年龄红利，集阅历、才华、资源于一身。

---

[1] 金庸：《神雕侠侣》，广州：广州出版社，2013年。

一遇杨过误终身

> 不遇天人不目成，藐姑相对便移情。
> ——（民国）吕碧城：《浣溪沙》

男性和女性的完美匹配，才能保证人类的生存和进化。"他"要具备什么特质，才能在性别匹配锦标赛中胜出呢？

女性偏爱掌握丰富资源的男性

人类社会中，男性相对高大的体型不会使其直接拥有生存优势，而往往是在争夺女性的斗争中，用来胜过别的男性；身体外在条件弱的，就难免要吃亏了。

时至今日，男性间的决斗，早已体现在所掌握资源的多寡方面，《礼记·曲礼》载："男女非有行媒不相知名，非受币不交不亲。"实际上，很难清晰地甄别出什么样的男性掌握较多资源，所以，女性多采用"择偶模仿"方式：如果一个男性也被其他女性选择，那么女性选择该男性的概率增加——别的女性鉴定过的男性可能是更有价值的对象。现实中，女性偏爱大叔款的、戴婚戒的男性，而不是没戴婚戒的，这是因为已婚男性工资比未婚男性显著高出 6.8%（王智波，李长洪，2016）。

Ong 等（2015）分析了中国女性是否具有明显的拜金倾向，金钱在中国男性的择偶标准中是否也是一个重要因素。研究者在中国一个大型约会网站上发布了 360 份（男女各半）根据一个约会网站的真实个人信息而虚构的个人资料，并且控制了除收入以外的其他因素对约会对象选择的影响，如男性和女性的年龄分别设定为 27 岁和 25 岁，身高分别设定为 175 厘米和 163 厘米，教育水平都设定为"大学教育"，出生日期均在同一星座……真实用户会去访问这些虚构用户的个人信息，留下访问记录。研究者通过分析实验数据得出结论：相对于男性而言，女性在择偶时更"拜金"或更"现实"。

仅仅通过这样的实验得出中国女性择偶时"拜金"可能有些不妥。事实上，没有人能从网站上虚构的个人资料看出此人的内在涵养，如勤奋、孝顺、绅士风度等。当看不到约会对象的内在时，人的本能是选择相对来说外在条件更优越的那一个——正所谓"人往高处走，水往低处流"——而对于一个人的内在涵养，是需要通过一定时间的相处才能得知的。因此，从某种程度上来说，这个实验只能说明约会对象的财富与中国女性的择偶决策有比较大的相关性，而非因果性。不能因为女性在该实验中有这种倾向就断定中国女性"拜金"，毕竟该实验并未考虑与"拜金"相对的"注重内在涵养"相关的因素。

生活在纽约的李杉教授觉得在择偶过程中，相对于西方女性，中国女性表现出"拜金"是受到婚姻制度和高不可攀的房价的影响。一方面，中国法律对已婚女性的保障不够，这让很多女性对婚后的权益完全没有安全感，因此宁可选择眼前的富贵，也不愿与另一半共同奋斗，因为即使奋斗有硕果，其所有权也无法保证；另一方面，近几年的畸形房价导致很多年轻人几乎没有可能完全靠自己的能力买上房子，很多女性因此更多考虑的是用自己的"资源"——年龄、美貌，交换有房的生活，完全不考虑初出茅庐、自我奋斗、家里没有背景的年轻小伙子。

爱冒险的男性受女性欢迎

对男性来说，在有机会接触女性之前，他们需要同其他男性进行一番具有一定风险性的竞争，才能在择偶过程中具有更大的优势，让自己的基因得以延续。Chan（2015）向一组男性展示了一些男模特的照片，向另一组男性展示了一些女模特的照片，给第三组男性看的则是普通人的照片。接着，这些男性面临着两种选择：确定赢得100美元；或打个赌：有10%的概率赢得1000美元，有90%的概率没有钱拿，研究者让他们作出抉择。结果发现，与看了女模特和普通人照片的男性相比，看了男模特照片的男性更倾向于选择打赌，愿意去承担较大的风险，有更强的竞争欲望。同样的实验在女性中的测试结果是，看哪种照片对选择结果并无影响。其中的原因是，成年男性体内的睾丸素①的含量是女性的 20 倍，而睾丸素对人体的作用是刺激纵欲、风险承受力和竞争欲望。

装扮华丽的雄性惹人爱

在原始部落中，人类用羽毛、颈圈、手镯、耳环、文身、文面等装点自己，从酋长到"土豪"都喜欢戴昂贵的首饰。英国特工类型电影中的 007 男主角、美国西部风格电影中的印第安纳琼斯这些角色，越是出生入死，魅力值也就越高涨。在纽约华尔街工作的男性们通过参加铁人三项，彰显其对全球经济的控制力。② 这些"装饰品"的逻辑是：越是华而不实的装点，越能够彰显自身掌握的资源；越是把自己置于生死之地而活得好好的，越能传递信号——我很牛。

由人推及动物，雄性动物与同一个地盘里的雄性相互厮打，然后赢者通吃，可以获得更多雌性的好感。雄鹿头上发达的鹿角在对抗天敌、自卫上毫无用处，唯一的用处是在发情期攻击其他雄鹿。雄孔雀的尾巴除了在发情期展示给雌孔雀看之外，基本上没有任何直接的存在价值。维持这样花里胡哨的尾巴既耗费资源，也不利于雄孔雀的生存，但却可以给雌孔雀传递信号：看，我这么容易死，我都没死成，我是最强的。

音律和协调能力是雄性吸引雌性的手段

无论何种性别，在取得具有音节的语言来表达相互爱慕的能力之前，大都会用音乐的声调和韵律来吸引彼此。许多少数民族至今还通过对歌来情定终身。土家族的传统情歌大致可分为试探、赠心、盟誓、离别、思念、成婚等类别，反映出了原始自由恋爱的全过程。女性在乎男性协调能力也是有道理的：千万年来，拥有良好的运动协调性，即意味着敌人入侵时可以把石头扔得更准和更迅速。

---

① 又称睾酮、睾丸酮或睾甾酮。它由男性的睾丸或女性的卵巢分泌的，肾上腺亦会分泌少量睾酮，对人体的作用是刺激纵欲、风险承受力和竞争欲望。
② 看华尔街精英的身材，就知道他们为何能控制全球经济了（http://www.wtoutiao.com/p/l9al3p.html［2016-11-24］）。

Fink 等（2012）想知道舞跳得好的男性是不是更吸引女性，他们邀请 30 位男学生参加了一项实验。实验开始前，他们在每位男同学的人体关节等部位粘了 38 个反射器，以便后续获得每位男同学跳舞时的动作信息。实验开始后，他们放起音乐，要求学生想象自己在夜店，并跳 30 秒的舞。12 台摄像机记录了男学生的舞蹈，并将动作投射到一个虚拟的人形上。接下来，异性恋女性被要求观看这些化身的跳舞视频并评分，以跳舞水平从好到差给"化身"们排序。Fink 等（2012）发现，问女性"谁跳舞跳得好"和"谁更有吸引力"，得到的答案是一样的。

"艺术特质"也是雄性常用的装饰品

在求偶期，雄园丁鸟会用树枝搭出一个建筑，并用各种色彩夺目的花果甚至塑料瓶盖来装饰这个建筑；然后，雌鸟会来考察这个建筑，如果足够漂亮，就与雄鸟结合。艺术非常费时、费力、费脑，在近几个世纪以前又很难直接带来收入以维持生存，加之人类的艺术活动多是被男性垄断，于是就产生了"有艺术气质的男性一般比较有性魅力"这一观念。

与艺术功能十分相似的是科学。科学也长期被男性垄断，耗费大量精力和脑力又不能直接带来生存优势——"玩科学"也是人类男性的装饰品。男性科学家在 20 ~ 30 岁时达到科学创造力的顶峰，之后的走势就要看他是否结婚了。如果他一辈子单身，那么他的科学创造力将随着年龄的增长缓慢下降；如果他"不幸"结婚了，那么他的科学创造力会显著地滑坡，因为用"玩科学"来向女性展示自己好基因的动力消失了；如果他"更不幸"地有了孩子，那么科学创造就大跳水了，因为这时他连展示自己好基因的目的——繁衍，都已经达到了。很多顶尖科学家的重要研究成果都是在读博士阶段产生的，以后创新力下降，要不然是因为结婚，要不然是因为养娃。当然，这些论点需要进一步的研究作为支撑，例如，将对科学的热情加进来进行考虑。

总的来说，女性繁衍后代的代价很大，所以女性的择偶策略十分谨慎。"高富帅忠"及"求质多过求量"是女性的择偶策略。

女神如此绾君心

炎炎夏日，撑着一把阳伞，披着一头乌黑的长发，露着光洁的臂膀，让绣花的裙裾在风里摇荡；在人群中姗姗走过，我很快乐，因为觉得自己很美丽。

但是你瞪着我裸露的肩膀，"呸"一声，说我"下贱"！

有人来欺负我，你说我"自取其辱"！

为什么？

我喜欢男人，也希望男人喜欢我。早晨出门前，我对着镜子描上口红，为的是使男人觉得我的嘴唇健康柔润；我梳理头发，为的是使男人觉得我秀发如云。可惜我天生一对萝卜腿，要不然我会穿开衩的窄裙，露出优美的腿部线条。所幸我有着丰润亭匀的肩膀，所以我穿露肩低背的上衣，希望男人女人都觉得我妩媚动人。[①]

---

① 龙应台：《美丽的权力》，桂林：广西师范大学出版社，2016年。

妩媚动人

> 参差荇菜，左右采之。窈窕淑女，琴瑟友之。
> 参差荇菜，左右芼之。窈窕淑女，钟鼓乐之。
> ——（先秦）佚名：《关雎》

"门当户对"与"郎才女貌"是受儒家文化影响的中国人普遍赞同的两个择偶标准。"郎才女貌"反映的是外表吸引力等短期策略，而"门当户对"反映的是长期择偶策略。

为已婚人士提供交友、约会服务的约会网站 Ashley Madison，定位于为"短期择偶"需求提供服务。前段时间，网站遭黑客入侵，大量数据被公开，首席执行官因此丢了饭碗。月亮和乐乐创建了恋爱交友公共号 Howlmet Mr Right，定位于"长期择偶"的客户，为在清华大学没有男朋友的女同学提供服务。

短期择偶中男性最看重女性的容貌

较好的容貌与较强的生殖能力紧密相关，促使男性的择偶偏好慢慢发展出以貌取人的倾向。譬如，男性偏爱长发女性，因为健康的长发是骨血旺盛的标志。在调查了多名异性恋后，Finkel等（2016）发现，92%的男性和84%的女性分别认为漂亮、帅气是必要的或者可取的，80%的男性和58%的女性分别认为苗条的身材、健美的身形是必要的或者可取的。

相对于长期择偶，在短期择偶中，男性对拥有大量女性伴侣的渴望度更高，并且更在乎女性的生育力。询问男性参与者，在挑选短期伴侣或长期伴侣时，会移开哪个卡片——头部卡片或身体卡片，但只允许移动一张，获取相关信息用于判断自己是否愿意和图片中的人发生一夜情或者建立稳定的伴侣关系。研究发现，男性在选择长期伴侣时会优先考虑女性的面孔，但在短期择偶时会优先考虑女性的身材，即男性在挑选短期伴侣时会优先考虑那些与生育力相关的线索。①

因此，一方面，女性发展出了呼应男性偏好的"女为悦己者容"的手段，女性通过华丽的外表，展现自己的繁衍能力，不同文化背景中的女性都十分看重自己的身体外形。俄罗斯谚语也说道："只有懒女人，没有丑女人。"另一方面，婚姻的选择本身也是资源匹配。相对于手里资源多的女性，手里资源少的女生就只能拿自己的青春、美貌，在婚姻市场里做一些交换。

短期择偶中男性还看重女性的"傻"

女性通过装傻——故意在与其约会的男孩子面前降低自己的智力和技能，可以吸引男性。虽然问一个直男你喜欢什么样的姑娘，他不会说是又笨又呆的，但是，"笨"和"呆"的特征却暗示着这姑娘可能警惕性不太高，更符合男性的短期择偶标准。

什么样的男性更容易采用短期择偶策略呢？大男子主义重的男性也许喜欢"傻白甜"的温顺姑娘，而聪明的男人，如马克·扎克伯格②、奥巴马肯定只会被有才气的女人所吸引。接下来，将讨论长期择偶中男性看重女性的哪些特质。

长期择偶中有相似背景的男女彼此吸引

兰天等（2014）研究了来自实名婚恋交友网站百合网的样本数据，该网站在2013年年底有注册用户约1400万人，主要来自中国大陆经济较为发达的地区，如北京、上海、广州等。男性的平均年龄为29.2岁，女性的平均年龄为28.9岁。用户可在网站上写明自己的择偶要求，包括外表特征、经济水平、教育程度、恋爱经验等，还可以进行依恋类型、价值观、婚恋态度、人格特质、心理弹性、生活习惯等方面的测量。兰天等（2014）选择了在网上完成上述测

---

① 戴维·巴斯：《进化心理学：心理的新科学》（第4版），张勇、蒋柯译，熊哲宏审校. 北京：商务印书馆，2015年。
② 马克·扎克伯格（Mark Zuckerberg），1984年5月生于美国纽约州白原市。社交网站脸书（Facebook）创始人兼首席执行官。

验的 2000 名用户，采用在网站上向异性"打招呼"与"发信息"作为择偶行为表征的指标。其在控制了外表吸引力和社会经济地位的影响后发现，婚恋态度、价值观、生活方式匹配是预测网上择偶行为的重要指标。随后，其又选取 118 名通过该网站结识并成婚的夫妇，发现他们在婚恋态度、价值观及生活方式等方面存在极高的相似性。

长期择偶中男性要求女性的忠诚性

"贤妻良母"是最标准的妇女形象。在父系社会中，男耕女织的生活状态如下：男性掌握资源，负责养家；女性则留在家里，确保繁衍顺利。这是因为女性进化出了隐秘的排卵期，使得男性产生非亲生子焦虑，即难以确定自己是否是孩子的亲生父亲，为此，男性不得不对女性的忠诚有所要求。

表现腼腆是忠诚的一种表现形式：女性装作对真正喜欢的人不感兴趣，向男性传达忠诚性的信息；男性会认为，如果他能够轻易得到一名女性的垂青，那么其他男性也可能轻易得到这名女子，该女性的忠诚信号从而打了折扣。在父系社会中，孩子跟随父亲的姓，可能的一种解释是：有助于缓解男性对女性忠诚性的疑虑。

长期择偶策略易沦为被标价的爱、情、美

人的价值被分割成若干内容和等级，真正具有情感内容的谈情说爱过程被舍弃了。上海人民公园有一个相亲角，每到周末，会聚集成百上千的人。这些人不是相亲者本人，而是"助人为乐"的父母。每个父母带着孩子的个人资料来到这里，资料上一般写着性别、年龄、学历、职业、收入、联系电话等。经济条件好的则更详细一点，会写上有房有车。在这里，婚姻成了一桩可以讨价还价的生意。

在传统观念里，女性一辈子讲的是男性，念的是男性，怨的是男性。当女性不掌握财富分配权时，其生活模式是：上奉公婆，下育子女。自然，择偶竞争的结果关系到一生幸福，女子无才便是德，以上的择偶规则就会发挥作用。

但是，一个有资源的女性从家务活动中解放双手、解放思想，却出现了剩女——具有高学历、高收入、高年龄的职业女性（"三高"女性），已经过了社会一般所认为的适婚年龄，但是仍然未结婚的女性。To（2015）认为，"三高"女性仍然普遍拥有传统婚姻观念，将结婚视作不可或缺的人生要件，为步入婚姻而甘愿放弃事业的女性亦大有人在。为何大批职业女性仍然视婚姻家庭为终极归宿，而欠缺婚姻的人生便注定将以悲剧收场？因为她们所受的教育、职业训练乃至海外生活经历并没能成功转化为一股对抗传统婚姻模式的力量。

女人，勇于与女人竞争，怯于与男人竞争

丽鹃："妈，今天没买菜啊？"

亚平妈："买了。红烧肉我都放火上炖了，亚平一说不回，我就把火给关了。家里没人，就不用那么忙活了。再说了，我下午在家没什么事，随便对付了一口，现在一点都不饿。昨天的剩菜还有，凑合一顿，明天再吃新的。吃啊吃啊！"

丽鹃：气鼓鼓地自言自语：家里没人就不用那么忙活了，没人，我不是人还是她不是人啊？两个大活人在家她说没人，难道就你儿子是人？！[①]

---

① 六六：《双面胶》，上海：上海人民出版社，2005年。

婆媳间

女人何苦为难女人，我们一样有最脆弱的灵魂。
世界男子已经太会伤人，你怎么忍心再给我伤痕。
——歌曲《女人何苦为难女人》[1]

辛晓琪唱道："女人何苦为难女人，我们一样有最脆弱的灵魂，世间男子已经太会伤人，你怎么忍心再给我伤痕，女人何苦为难女人。"也就是说，女性间也存在争斗，只是这种竞争更加隐晦。

女性勇于与同龄女性竞争

强大的男性拥有多个妻子，而较弱的男性只能打光棍，这导致强大男性和较弱男性间产生了激烈的择偶竞争，并且所有女性也认可这样的争斗行为。但是即使在这样的社会中，女性也绝非被动地成为战胜方的战利品，她们有自己的渴望——找到更心仪的伴侣和为孩子赢得更多的资源。

女性间的竞争，在生理层面表现为"月经同步"，也就是说，多个女性拥有相同的生理周期，减少了各自受孕和繁衍的机会。

为解释"女人何苦为难女人"，Russel 等（1980）开展了一项实验，将论文的作者之一 Switz 的身体气味收集到棉球上，然后，在招募来的女性参与者的嘴唇上抹上这种气味。在为期 4 个月的实验中，Switz 的身体气味就这样进入了一半女性的鼻子里，另一半女性即对照组，只得到了含有酒精的棉球。

4 个月后，接受 Switz 气味的女性的月经周期差距缩短，仅为 3~4 天，比研究开始时少了 6 天，而对照组中的女性的月经周期并没有出现同步趋势。随后，这种"月经同步"的现象被解释为是

---

[1]《女人何苦为难女人》发行于 2007 年 9 月，辛晓琪演唱，姚若龙填词，叶良俊谱曲。

为了保证女性在争风吃醋中的竞争优势——让与自己处在同一个地点的女性具有相同时间节点的生理期,可以有效降低对方受孕和繁衍的概率。不过,时至今日,仍有许多学者质疑"月经同步"现象是否真的存在。

Vaillancourt等(2011)采用社会化实验方法研究女性间的竞争。他们将研究对象——一对对的女学生,以"讨论女性友谊"的名义带进实验室里。而真正的研究始于另一个年轻、皮肤细腻、丰乳肥臀还有着小蛮腰的女孩进入她们所在的房间并请求帮助。研究人员暗中观察当女孩进入房间时及离开房间后,被研究的女学生的反应。当女孩穿着牛仔裤时,她没有被女学生们过多地注意,女学生也没有对女孩作出负面的评价。但是当她穿着紧身、低胸的上衣和短裙出现时,基本上所有被研究的女学生都表现出了敌意。她们会盯着她,从上到下打量一番,还会表现出明显的愤怒。更多的敌意则在女孩离开房间以后,被研究的女学生嘲笑她并对其进行了恶意的揣测。

因此,Vaillancourt等(2011)认为,女性很擅长打击女性竞争对手;和男性相比,她们在"规范"女性性行为上更加卖力,并且女性不喜欢那些看起来会勾三搭四的其他女性。

现实中,隐晦的竞争给女性下了心理上的魔咒。在以瘦为美的现代社会中,很多女性由于难以达到"美"的标准,担心自己被社会排斥而忧心忡忡。女性认为的"理想体型"不仅要比女性的实际平均体型瘦,而且要比男性认为的理想体型更瘦。26岁的澳大利亚女模特Genevieve Barker将自己的一组美照传到Instagram,结果却招致一片骂声,大量评论称其太瘦,像"骷髅",其实,这可能是女性间的隐晦竞争所导致的。

不同年龄阶段的女性间也存在竞争

不同年龄阶段的女性间也存在竞争,特别是在东方,典型代表是很难处理的婆媳关系。对婆婆来说,对自己最有利的策略是让儿子拥有尽可能多的后代。而在媳妇这里,最有利的策略是让丈夫把所有的资源都投在自己身上,为自己和孩子提供长期饭票。很明显,这损害了丈夫的进化利益，当然也对婆婆的进化利益极为不利。

生活在纽约的李杉教授说，虽说在西方也有婆媳矛盾，总体上却比东方社会中的少了许多。究其原因，有两点：一是独生子女政策，二是残留的封建思想，这两点导致很多婆婆把儿子当成命根子。相对而言，在西方社会中，夫妻间的关系会高于母子间的关系，并且整个社会也认同夫妻关系最为亲密。

学术领域的女性表现出的竞争力弱

在学术界中，女性在相对而言薪酬较高的科学、数学及工程领域就业的人数远比男性少。2005年，时任美国哈佛大学校长的Lawrence Summers[①]在波士顿附近召开的一次小型经济学会议上暗示到，科学及工程领域女性较少的部分原因是女性不如男性。这番煽动性言论一出，立刻在美国引发了一场大讨论，而Lawrence Summers也因在公开场合流露出对女性的歧视性态度而丢掉了哈佛大学校长的宝座。Ceci等（2014）指出，并没有证据表明男女在学科选择上的差异是由儿童早期在空间能力和数学推理能力上的性别差异所导致的。

从幼儿园开始，男性和女性对科学领域的态度差异逐渐形成。相比能力差异，受社会影响的态度差异更可能是导致更少女性选择对数学能力有着高要求的科学领域——地理科学、工程学、经济学、数学与计算机科学、物理学等——作为大学主修专业的原因。

到了本科阶段，女性占据了对数学能力要求不高的科学领域的大半壁江山，而在对数学能力有着高要求的科学领域的比例则不足40%。有趣的是，在对数学能力要求不高的科学领域的本科生中，男性比女性更有可能继续攻读博士学位；在对数学能力有着高要求的科学领域，本科女性却比对数学能力要求不高的科学领域的本科女性更有可能继续学业。

由此推论，对数学能力要求不高的科学领域女性研究者的流失，可能是由于该领域女性在获得学士学位后，更多地选择从事人

---

① Lawrence Summers，1954年11月生于美国New Haven，曾任哈佛大学校长、美国财政部长。

力资源等相关职业,而不是继续攻读更高学位。

在考虑要不要把科研作为职业时,尽管在对数学能力有着高要求的科学领域中女性所占比例更小,但在从博士向学术职业生涯转换的关键时期,在对数学能力有着高要求的科学领域中,女性至少与男性具有相对平等的获得学术工作的机会,受到相同的待遇,并且能获得相同的晋升机会。在北美学术圈,反观对数学能力要求不高的科学领域,有更多的女博士拿不到教授职位,并且拿到教授职位的女性在科研圈获得终身教职的难度比同领域的男性更大,挣扎在奋斗终生的教职上的女学者更可能因为耗费了巨大精力抚育孩子而不得不退出学术圈。所以,一旦加上抚育孩子和转换职业这两个因素,男女平等的问题就会变得更加复杂。

女性怯于与男性竞争

面对竞争,男性比女性更愿意去参与竞争,并且感受到的压力也相对较小。Buser 等(2014)以荷兰阿姆斯特丹附近四所学校的学生为研究对象,设置竞争性和非竞争性场景供学生选择,通过记录学生的现实抉择测量了学生的竞争能力。他们发现,与男生相比,女生的竞争意识与竞争能力更弱,也很少选择自然科学等与数学联系密切的学科。这是因为面对风险,男性比女性更加愿意去冒险一搏;面对异性,男性更有意愿作出上佳的工作业绩,更有可能表现得激进。所谓"冲冠一怒为红颜""十里烽火戏诸侯""安东尼的亚克兴海战",就是一幕幕极端表现的情景。

女性并非不能竞争,而是怯于同男性竞争。Gneezy 等(2003)在实验中将参与者随机分组,并要求他们解决走迷宫的问题。实验结果显示,在计件工资或是随机选择胜利者的模式下,男女两性的表现并没有差异;但在锦标赛[①]模式下,男性解出的迷宫数量要远远多过女性。如果是将男女两性分开进行锦标赛,则两组的平均成绩也非常接近。

Cotton 等(2013)用重复进行的数学竞赛发现,两性差异只体现在第一次竞赛中,其后就慢慢消失。这一差异出现的原因是高能

---

① 锦标赛是指不同竞赛大组的优胜者之间的一系列决赛。

力女孩在第一次竞赛中的表现往往低于预期，而低能力男孩第一次的表现则会高于预期。Ors 等（2013）研究了巴黎高等商学院的入学申请考试。他们发现，在这一竞争性极强的考试中，男性申请者的成绩要明显好于女性，但就其高中毕业考试（非竞争性）成绩而言，女性申请者的成绩要显著好于男性。

女性怯于与男性竞争，可能是"黄体酮和雌性激素"水平较低（Buser，2012），也可能是父系社会中男权文化的影响。为了分辨喜欢竞争的女性是因为她们自身的生理性别，还是因为基于社会建构出来的性别，Gneezy 等（2009）比较研究了坦桑尼亚的一个 Maasi 父系社会部落和印度东部的一个 Khasi 母系社会部落。结果发现，在 Maasi 父系社会部落，男性更愿意参与竞争；而在 Khasi 母系社会部落，情况恰恰相反，女性比男性表现出更强的竞争意愿。因此，在母系社会里，女性就是社会意义上的男性。Gneezy 等（2016）考察了巴西的两组渔民：一组居住在湖边，捕鱼主要依靠个人努力；另一组居住在海边，捕鱼要仰仗集体行动。结果发现，随着年龄的增长，来自湖边的（更加个人主义的）男性渔民相比于来自海边的（更加集体主义的）男性渔民表现出了更强的竞争性，但不参与捕鱼的女性在竞争性方面并不存在差异。

倘若某些领域的女性过于稀少，可能会埋没人才。假如给予表现最佳的女性奖励，她们是否会作出不同选择？Balafoutas 等（2012）设计了一个可用于鼓励女性参与竞争的实验。每一种情况会有不同的奖励以鼓励女性参与该比赛。在其中一种情况下，研究人员设定了一个定额以保证两个获胜者中的一个会是女性。在另外两种情况下，他们给予女性优惠待遇，以增加女性获胜的可能性。最后一种情况，他们规定，该比赛的获胜者中如果没有女性的话，则需要重复比赛。结果显示，所有四种干预措施都会鼓励女性更多地参与竞赛，并且其表现至少会与男性同样好；同时，增加竞争处境中女性人数的方法，既不会降低其工作产出的总体品质，也不会对男性竞争者的表现产生反作用。

"平权法案"鼓励女性与男性竞争

Niederle 等（2008）构造了一种比赛，每个小组由三男三女组成，锦标赛中的前两名将获得奖励。此外，在环节中增加"平权法案"，每组的第一名和女性中的第一名都将获得奖励。最终发现，在实施了"平权法案"之后，会有更高比例的女性选择参与锦标赛模式。因此，通过实施"平权法案"可以促进更多高能力的女性参与竞争，从而使人才得到更有效的配置。社会文化让女性"怯于"参与到与男性的竞争中，但是，通过"平权法案"能够鼓励女性在竞争环境中表现出自身的能力。

总的来说，在人人本拥有公平机会的商业领域，实施"平权法案"有助于女性积极地参与竞争，特别是与男性的竞争。在社会生活领域，女性要小心地规避来自于女性的隐晦竞争。

男性更易自作多情

孝武卫皇后字子夫,生微也。其家号曰卫氏,出平阳侯邑。子夫为平阳主讴者,武帝即位,数年无子。平阳主求良家女十余人,饰置家。帝袚霸上,还过平阳主。主见所侍美人,帝不说。既饮,讴者进,帝独说子夫。帝起更衣,子夫侍尚衣轩中,得幸。[1]

对应的解释是:

孝武卫皇后,字子夫,出生低贱。子夫姓卫,出自平阳侯封邑,是平阳公主的歌女。武帝即位后,多年无子。平阳公主从十几个好人家中觅得一些女子,并将她们打扮好养在家中。武帝去霸上祈福除灾,回来时顺路拜望平阳公主。平阳公主让那些来自于好人家的女子去拜见武帝,武帝一个也不喜欢。

喝酒时,平阳公主安排歌女助兴,武帝看上了其中一位歌女子夫。随后,武帝起身换衣服,子夫服侍武帝更衣,并得到武帝的宠幸。

---

[1] 班固:《汉书·外戚传第六十七上》,北京:中华书局,2016年。

武帝说子夫

> 不要自作多情去做梦，给我尽献殷勤管接送；
> 不必一再问我恋情可有渐冻，时时追击如烈风。
> ——歌曲《自作多情》①

相对于男性有短期择偶和长期择偶的两种策略，多数女性只采用长期择偶这一种策略。男性和女性在择偶策略选择方面的差别，主要是由性行为所引发的代价差别而导致的。相比于男性，女性性行为的代价可能会导致将近十个月的怀孕、痛苦的生产，以及为期一年左右的哺乳。所以，进行性行为时，女性有理由变得更加慎重，从而多采用长期择偶策略。中国俗语也言道："女怕嫁错郎，男怕入错行。"把女性的结婚和男性的选择行业相提并论，足以见到，相对于男性，女性在进行择偶决策时应该更为谨慎。

对女性来说，听到男性说"我爱你"不免会激动。可问题在于，男性的承诺可能是"真即是假，假即是真；真中有假，假中有真；真不是真，假不是假"。

女性愿意把真当成假

面临这样的承诺，女性的判断有两类错误：第一类错误——把假当成真，这类错误是致命的；而第二类错误——把真当成假，至多错失一次机会。对于女性而言，犯第一类错误：把假当成真——把负情汉当作有情郎，万一一不小心怀孕生子，就有很大可能被这个负情郎套牢终生。因此，相比之下，第二类错误就显得更为保险：女性会默默地对"甜言蜜语"进行脱水处理，选择低估男性承诺的可靠程度。

---

① 歌曲《自作多情》，周慧敏演唱，陈少琪作词，Daiichi Katsumata 作曲。

男性愿意把假当成真

对于男性而言，男性留下后代的数目受到与自己发生性关系女性数量的限制，如果一个男性与女性交往的机会越多，那么这个男性留下后代的数量也越多。若犯了"把假当成真——她迷上我而实际上不是"的错误，代价是面临尴尬或声名受损，若犯了"把真当成假——她对我有兴趣但我无视了"的错误，代价是错失了繁殖机会。两利相权取其重，两害相权取其轻。两种错误之中，后者的代价更高，因此在判断对方是否钟情于自己的时候，男性比女性更加容易"自作多情"，认为美貌的女性会为自己而春心荡漾，对自己微笑的女性爱上了自己。

为了证明这个推断，Perilloux 等（2015）邀请了 96 名男性和 103 名女性参加一个速配活动。在速配活动开始前，参与者会对自己的吸引力评分，并被评判其寻觅短期性交往的渴望程度。在速配活动开始后，每个人和 5 名异性聊 3 分钟，并且在每次速配谈话后，每个人都会为对方打分，包括外表的吸引力及对自己的兴趣。结果发现，寻找迅速机会的男子更有可能过度评价女孩对自己的兴趣，认为自己是有魅力的男子，也更容易认为女性喜欢自己。

男性易自作多情

Cameron 等（2013）设计了恋爱关系的实验。在第一个实验中，参与者要写下他们上一次约别人出来但被拒的经历。他们要记下在"关系初始期"中自己的行为，如亲吻，并且评估他们的这些行为有多冒险。这份记录上的行为从直接（比如，直接约对方出来）到不直接（比如，等待对方采取行动）变化。在第二个实验中，参与者则要参与制作一个类似于个人广告的视频。在这个视频中，他们会回答各种与自己有关的问题。

研究者让参与者以为有异性正在看他们的视频并且会制作一段视频回应，并且研究者会让参与者相信自己真的可以见到对方（被拒风险高）或者受校规所限而没有与对方见面的机会（被拒风险低）。之后，研究助手会观看这些视频，并且记录参与者在视频中有多直接地对对方表现出兴趣。

与此同时，每个实验中的参与者在自尊程度上都有两种表现：自尊心强的参与者，自我认可程度很高，倾向于接受其他人，甚至包括那些和他们意见相左的人；自尊心弱的参与者，常常把事情往坏处想，而且付出的努力较少。

研究发现，当被拒风险高时，自尊心强的男性比那些自尊心弱的男性使用了更直截了当的调情技能；当被拒风险低时，自尊心弱的男性会比自尊心强的男性发动更直接的调情攻势，并且在自认为风险较低时，他们的调情攻势也比被拒风险高的时候强。所以，自尊心弱的男性也是会调情的，只是他们需要正确的时机。恋爱中的女性行为模式与自尊心强弱无关，一旦她们觉得被拒风险较低，就会使用更直接的调情方式。

异性友谊中男性对女性的性兴趣明显高于女性对男性的兴趣

Bleske 等（2000）招聘了一些彼此是异性朋友的参与者。实验开始前，研究者首先确定双方都认可彼此是朋友关系，以防止出现一厢情愿的情况。然后，两人分别进入不同的房间，回答一系列关于他们之间友谊的问题，例如，彼此之间的吸引力高低，想不想发展成为约会对象，以及是否认为对方对自己存在超出友情的情感。结果发现，双方都多少存在一定程度的性吸引力，男性对其女性朋友表现出更强的性兴趣，同时，男性比女性更容易高估自己的吸引力，认为朋友对自己存在超出友情的情感。

如果异性友谊中掺入了友情以外的情感，双方会如何评价异性友谊？Bleske 等（2000）分别向年龄段在 18～23 岁及 27～55 岁的两组人发放调查问卷，询问有关异性友谊的问题，并要求受调查者列举出异性友谊能带来的好处或者负担及其原因。两组调查的最终结果十分一致。受调查者都认为，异性友谊带来的好处远大于其带来的负担，但是大部分人都把异性吸引力列为带来负担的一部分。

因此，男性需要知道，当你越是对对方感兴趣时，越是有可能判断出错；女性应该知道男性自作多情的风险，并尽可能地清晰表达自己的意思。

另外，从社会地位的角度看，相对于女性，若男性拥有更高的社会地位，他就越容易误读女性所发出的交往信息。Bendixen（2014）对挪威和美国的男女误读问题进行了实证调查。实验研究背景是，根据联合国性别平等排行，挪威位列世界最平等的五个国家之一，美国则排到了第42名。Bendixen（2014）研究发现，在挪威，有88%的女性至少都碰到过一位自作多情的男性，而男性遭遇自作多情女性的比例是70.6%。而在美国，女性是90%，男性是70%。

男性也接受一夫一妻制

美国前总统小约翰·卡尔文·柯立芝①和妻子参观农场，柯立芝太太向农场主询问，怎样用这么少的公鸡生产出这么多能孵育的鸡蛋？农场主说，公鸡每天要执行职责几十次。

"请告诉柯立芝先生。"第一夫人强调地回答道。

总统听到后，问农场主："每次公鸡都是为同一只母鸡服务吗？"

"不，"农场主回答道，"有许多只不同的母鸡。"

"请转告柯立芝太太。"总统回答道。

---

① 小约翰·卡尔文·柯立芝（John Calvin Coolidge, Jr., 1872年7月4日—1933年1月5日），美国第30任总统。

两择一（朱颖叟）

> 至近至远东西，至深至浅清溪；
> 至高至明日月，至亲至疏夫妻。
> ——（唐）李季兰：《八至》

现代社会中，一夫一妻制看似合情合理，如犹太教与基督教主张一夫一妻制是婚姻的唯一自然形式，并且世界各地的法律也明文规定了重婚的罪行。但是，纵览人类发展史，实施一夫一妻制的时候较少，在多数文化中，有权势的男性都被允许一夫多妻制。在西方社会中，摩门教鼓励一夫多妻；在东方社会，儒教不让人崇拜鬼神，人死后的唯一寄托就是香火，为了使崇拜的祖先永垂不朽，生男孩变成了儒教弟子们的一项头等大事，于是，儒教规定了一夫多妻制，男性的妻妾数目不受限制。

多数时候一夫多妻制是默认设置

雄性要相互争夺雌性，这种"赢者通吃"的策略导致了一种现象：雄性的体型越大于雌性的社群，其一夫多妻制程度就越高。在实施一夫一妻制的长臂猿社群中，雌性和雄性在体型和体重方面相差无几。相反，在一夫多妻制高度发达的大猩猩社群中，雄性的身高和体重分别是雌性的 1.3 倍和 2 倍。在人类社会中，男性的身高和体重分别是女性的 1.1 倍和 1.2 倍，和女性的体貌特征比，男性处于长臂猿社群和大猩猩社群的中间，但更接近于长臂猿。这说明在人类进化史中，人类祖先的男性并不总是一夫一妻，人类一夫多妻制的程度处于中等水平，与大猩猩社会有明显区别，但是也不像长臂猿那样实行严格的一夫一妻制。

现代社会中的男性被迫接受一夫一妻制

每个男性都希望拥有多个妻子，但是，男性怎么又接受了一夫一妻制呢？这是因为婚姻制度经历了三个阶段的变迁，起初是一夫多妻制，后来是一夫一妻制，最后是允许离婚和再婚的序列一夫一妻制。婚姻制度演化过程的重要决定因素之一，是男性间资源的不平均分配。物质本能驱使女性共享最富有的男性，而不是独享最贫穷的男性。

若资源分配相对平均，女性独享一个下层男性比共享一个上层男性会生活得更好，女性则愿意选择一夫一妻制。若社会资源分配的不平等度较高，上层男性养得起一个妻子和一个妾，那么适龄女性被富有男性垄断，或者男性在结婚多年后跟妻子离婚并付给她生活费和子女抚养费，再去和另一个更年轻的女性结婚，这种轻易的离婚和再婚就像一夫多妻制，因此均衡的婚姻制度就是序列的一夫多妻制。电影明星汤姆·克鲁斯的三任前妻都是在 33 岁左右时，被迫和其离婚。

有些女性可能会受益于一夫多妻制

这是因为在一夫多妻制下，多个女性能够共享一个富裕男性，而在一夫一妻制下，她们却不得不死守一个贫穷男性。多数男性受益于一夫一妻制，因为这种制度保证了女性资源不被上层男性独占，使得每个社会阶层的男性能够找到妻子。但是，对于掌握资源较多的男性而言，在一夫多妻制中，他们本来可以有许多妻子，但是在一夫一妻制下他们只能有一位妻子。

因此，一夫一妻制如何产生并替代了一夫多妻制，可以用以下三种理论解释。

其一，男性间的经济不平等，财富分配不均，使得拥有更多资源的男性占有更多妻子。随着社会中男性占据资源的不平等程度的降低，一夫一妻制逐渐代替一夫多妻制。

其二，男性对于孩子质量而非数量的追求，使得一夫一妻制渐渐产生，促使男性增加对后代的爱和投入。

其三，处在社会上层的男性，为了避免处在社会下层男性的反叛，推行一夫一妻制，使得处在社会下层的男性也能够有机会拥有妻子。

在一夫多妻制的历史时代，男性间的竞争非常残酷，所谓"红颜祸水"，即许多凶杀和大多数部落战争都直接或间接地事关女性。当上层男性需要和下层男性达成联盟，共同抵御外敌，而不是彼此争斗时，上层男性就从法律上废除了一夫多妻制。因此，法定的一夫一妻制是上层男性和下层男性达成的协议，而不是男性与女性达成的协议。

离婚制度有助于实现连续性的一夫多妻制

现代社会的一夫一妻制允许男性和女性离婚，离婚制度使得掌握较多财富的男性实现了连续一夫多妻制的梦想，也就是说，一个男性可以拥有多个妻子，只是不能在同一个时间段内，而是要通过一系列离婚和再婚的程序实现一夫多妻。这是因为随着年龄的增长，离婚的男性对潜在伴侣的吸引力倍增，而离了婚的女性，其生育能力逐渐下降，并且有些女性结婚后放弃了工作，导致离婚后拥有的资源极少，所以就失去了吸引其他男性的魅力，因此很少能再婚。与此同时，掌握较少财富的男性势必要打光棍了，这是因为社会上男女比例大体相同，一位男性第一次结婚，社会上就少了一位未婚女性；若这位男性离婚后又再婚，迎娶的还是一位未婚女性，那么其他未婚男性迎娶未婚女性的可能性就大大降低了。

财富分配状态决定婚姻模式

Croix 等（2015）为婚姻制度变迁建立了一个统一的理论，把婚姻划分成四类：一夫多妻制、一妻多夫制、严格一夫一妻制、序列一夫一妻制，后两者的区别在于是否允许离婚。截止到 2015 年，在信任天主教的极少数国家，如梵蒂冈、菲律宾，离婚是没有可能的，每个人一生只能有一个法律意义上的伴侣。而序列一夫一妻制是大多数国家的做法：每个人一生中可以拥有多个伴侣，只是不能在同一时间段拥有而已。

在这个模型中，婚姻市场中的所有人都有"投票"权。因此，采用哪种婚姻制度取决于不同利益群体的规模大小。在这样的设定下，如果财富完全平等，即使法律没有任何限制，所有人也会按照一夫一妻的方式组织家庭。如果财富分配不均，使得多数财富集中在少数的社会上层的男性手中，此时，社会上层的男性就会偏好一夫多妻制。

无论何时，社会下层的男性都偏好严格一夫一妻制，对于女性而言，除非社会上层的男性的数量显著多于社会上层的女性，这是因当两方数量相差不大时，如若实行一夫多妻制，有部分上层女性存在要接受下层男性的风险；否则，社会上层的女性都更偏好一夫一妻制。如果预期未来婚姻变差的可能性非常大，那么她们会更偏好序列一夫一妻制。

但是，人天生有着强烈的对新鲜感的欲望，即使最美好的婚姻，一生中也会有两百次离婚的念头，五十次掐死对方的冲动。因此，婚姻制度是一种反人性的，它只是为了稳定社会，为利于换取到社会地位、税务的福利，与子女生活的稳定等社会筹码。换句话说，婚姻制度可能是权力阶层以收买的方式，鼓励有利社会安定行为的表现。

新娘的"价格"

爸爸:"你妈妈的东西,你想要哪些?"

赢豫:"哪些是你娶她时送她的礼物?哪些是外婆送她的陪嫁?"

爸爸:"当年,与你妈妈的结合是媒妁之言。媒人介绍并相处一段时间后,你妈妈觉得我是潜力股,自己打定主意不要什么聘礼;又要顾及到她自己亲朋好友的脸面,要了一些贵重聘礼,但是,你妈妈答应会把多数物品作为陪嫁再带过来。"

赢豫:"娶我妈,你付出的代价太小了!"

爸爸:"有一套樟木箱子留存下来,是你妈妈的陪嫁,可以留给你。"

新娘还是"金"娘

> 三书六礼。
> 所谓三书：聘书、礼书和迎亲书。
> 所谓六礼：纳采、问名、纳吉、纳徵、请期、亲迎。
> ——《古代结婚手册》

自古以来，就有男方在婚姻约定初步达成时向女方赠送聘金、聘礼的习俗，这种聘金、聘礼俗称"彩礼"。依据古制，"彩礼"的首要特征是一种礼仪制度，其次方是礼金数量。现如今，"彩礼"却多了些"彩"，少了些"礼"。

面对寡信的男性，女性要为感情定个高价

城市中剩余的大龄女性，多是因为在这些女性处于妙龄阶段时遇到的男性负担不起彩礼而被剩下来的。其原因在于，**性对于女性来说是成本，对于男性来说则是机会**。繁殖意味着女性怀胎数月，孩子出生后还需要哺乳，男性可免于付出繁殖的高昂成本。

Belot等（2006）从84次速配活动中收集数据，其中约会人数达3600人。速配约会的第一个阶段是，男性从一个桌子移到另一个桌子，寻求与女性的约会，通常只持续3～4分钟。随后，参与者会通过网络方式告诉活动负责人他们希望能够再次约会的对象。研究发现，如果一个男性和一个女性约会一晚上，之后再让他们分开22天，那么在这段时间里男性会渴望能再约会5名女性，而女性却只会想要再约会2名男性。其中的原因是，由于女性要在人类的再生产中投入比男性更多的投资，包括怀孕、生育及抚养等，所以女性的择偶决策要比男性更审慎，即更具挑剔性。

鉴于男性不会轻易作出长期承诺，女性就要为自己的感情定一次性的高价。彩礼等于是为女性的生殖能力付费，年轻健康的未育女性要价最高，而已生育的女性往往不需要任何彩礼。也就是说，

男性并不是完全搭便车的。由于人类的婴儿出生时尤为弱小，如果父亲为婴儿和母亲提供资源，那么婴儿的生存机会和未来成功的机会都会显著增加。因此，当一个女性同意为一个男性怀孕、愿意为繁殖付出高昂的生物学成本之前，她和她的家庭常常会要求男性证明自己提供资源的意愿和能力。对于男性来说，付出彩礼或是购买订婚钻戒，就像是交付定金一样，是为长期相伴并提供资源而许下的承诺。

在全世界范围内，彩礼存在于 2/3 的社会中，而嫁妆只在不到 4% 的社会中存在。其中，钻石之所以能成为彩礼的最佳代言者，就在于它既贵又毫无价值——你都愿意花这么多金钱为我做这种一点实际价值都没有的事，那么你以后为我和我的孩子做有实际价值的事就更不在话下了。

男性寻找最低价格，女性试图获得最高价格

在《非诚勿扰》①中，24 位女性佳丽花数周时间竞争与几位男士约会的机会。在这个过程中，女孩子之间钩心斗角，对男性表现得越来越开放。在男性比较多的环境中，每个男性都必须为了稀缺的女性进行更加激烈的竞争。竞争的方式之一就是花钱：买招摇的汽车，带约会对象去更高级的餐厅。相反，在《谁能百里挑一》②中，由 16 位男士追求 1 位女士。这些男士在未来的女朋友面前表现得彬彬有礼、风度翩翩，纷纷向她表白多么希望稳定下来建立家庭。

男多女少，女性就更加珍贵，男性就要花更大的代价才能娶到妻子，许多婚嫁习俗也会随之改变。1949 年，国民党败退，60 万士兵加 50 万平民登陆台湾，其中的男女比例是 4∶1，台湾的男女比例从原来的 1∶1 迅速跳升至 1.2∶1；而在 20~24 岁的人口中，男女比例从低于 1∶1 飙升至 1.5∶1。于是，相对于女性支付的嫁妆，男性支付的彩礼价值激增。

在现代中国，单身男性的数量远多于单身女性，其后果就是送彩礼的风俗又盛行起来。在过去十年中，有些地区彩礼的标准翻了

---

① 《非诚勿扰》是由江苏卫视制作的一档相亲真人秀节目。
② 《谁能百里挑一》是由东方卫视制作的一档相亲真人秀节目。

四番，贫穷的男性娶不起妻子了，会花相对较低的价钱从越南等其他国家娶妻，结果导致越南的男性也感觉到需要付出更多的彩礼。

女性的稀缺性使得男性为女性花钱的冲动性高

在女性稀缺的环境中，男性为了支付得起彩礼，希望立刻获得金钱并花费在女性身上的冲动更大。Kenrick（2014）在一个实验中，给一些大学生看其他大学生的照片。有些人看的照片是男性占多数，有些人看的照片是女性占多数。然后，参与者会获得一个真实的选择机会：你是想明天拿到20美元还是一个月以后拿到35美元？结果证明，性别比例并未影响女性的选择，但当男性看到照片里的一个女性被一群男性围着之后，他们会变得更加冲动，从而选择即时回报，即20美元，而不在乎延迟满足的选择提供了更好的投资机会。

在另一个实验中，参与者会先读一篇《芝加哥邮报》上的文章，讲述的是当地人口中单身男性更多或是单身女性更多的状况。其中，一部分人读到的是"女少男多"，另一部分人读到的是"男少女多"。读完文章后，参与者要回答他们每个月会拿出多少工资来储蓄，以及用于即时消费的信用卡额度是多少。结果证明，当女性稀缺时，男性的储蓄会减少42%。如果男性觉得仍没有足够的钱满足眼前的需求，那么他们的信用卡债务会增加84%。这些钱都花在哪儿了呢？当然是花在女性身上。恰如一条谜语所言：男人努力挣钱是为了什么？打一歌名。答案是女人花。[1]

女性间的联盟有利于改善自身境况

对于女性而言，当女性联合起来减少男性获取性行为的途径时，所有女性都会由此获益。因此，出现类似于七星情盾的公司[2]，

---

[1] 歌曲《女人花》，李安修填词，陈耀川谱曲，收录在梅艳芳1997音乐专辑《女人花》中。
[2] http://www.lovelove9.com/［2016-11-24］。

专注于挽救婚姻、分离第三者的商业模式，不足为怪。如果女性稍加注意，不轻易地深陷于浪漫关系中，就会使男性作出更多的投入和更感人的求爱举动，更少地向其他女性发出暧昧信号，从而能够在更小的年龄段结婚，获得更丰厚的彩礼、更稳固和持久的婚姻。

第二篇

无奈的傻瓜决策

欲罢不能

赢豫：在读书期间，从导师身上学到的最宝贵的品质是什么？

姚大成教授：我的导师阅读了非常多专业类书籍。我在研究过程中遇到了技术类问题，导师通常能给出建议，例如去看哪一本书的哪一个章节，或者做哪一道习题，就可以解决所遇到的问题了。

赢豫：导师年复一年地做研究，他是如何安排业余生活的？

姚大成教授：导师的业务生活其中很重要的一项是读书，并且读的是研究领域的专业书籍。他常言道，做研究做累的时候，去读一下专业类书籍，做做习题，也不失为一种放松。

赢豫：把读专业类书籍作为一种主要的业余生活，让我等晚辈好生敬佩。

手不释卷

> 新诗开累纸，欲罢不能卷。
> ——（宋）黄庭坚：《奉和王世弼寄上七兄先生用其韵》

欲罢不能，是说即使知道不该沉迷于这事，但是，不做这件事就浑身难受。欲罢不能的事可能是物质性的——饕餮、嗜书、吸烟、酗酒、吸毒，也有可能是非物质性的——痴恋、网络成瘾、赌博成性等。

欲罢不能的幕后推手是多巴胺

多巴胺是一种神经递质，主要负责传递兴奋和喜悦的情感。情感等信息被储存在一个个球型神经细胞中，这些细胞彼此并不是直接连接在一起。因此，信息在神经细胞间的传递，恰如搬家似的，需要从一个神经细胞传到另一个神经细胞，而多巴胺就是搬家公司的搬家车，负责把一个神经细胞内的信息传递给另一个神经细胞。

如果一个人的多巴胺分泌过多，他就可能对刺激多巴胺分泌的某些物质性的或非物质性的对象产生依赖，表现为欲罢不能。如果一个人的多巴胺分泌不足，他对什么都失去了兴趣，这样的人自然会怀疑人生。很多天才得了抑郁症，就是因为思想上已经获得了巨大的满足，从而对人生失去了兴趣和信心。

多巴胺引发贪食、血拼、信息强迫症等行为

多巴胺本是为了人类的利益服务，增加人类在生存竞争中的优势。原始社会，营养丰富的食物非常罕见，一旦得到就应当尽量多吃，因为下次再获得食物的时间难以预料，如果仅仅因为感到饱了就停止进食，就太不明智了。因此，人们会越吃越开心，越开心越

要吃，所谓"富润屋，德润身，心广体胖"①说的就是心情愉快、无所牵挂，因而人也发胖。

在过去百万年的进化史中，人类一直缺吃的、少穿的，现代社会中的人类第一次面临着营养、物资、信息过剩这些问题，这导致很多对于原始人的生存非常有效的生理设计，放在复杂的现代社会却不能给我们继续带来利益。

喜欢吃零食的人不停地吃零食，尽管明明知道对身体没有好处；物资、书籍和信息在人类进化历史的大部分时间中都是非常短缺的，于是乎，爱看书的人不断收集资料，以至于远超过他一生的阅读量；爱看电视的人在夜里迟迟不愿离开电视机，可能并没有真正想看的节目；一个人购买鞋子后却从来不穿，因为只要看到这双鞋，这个人的多巴胺就大量分泌。

当吃零食或购物行为完成后，多巴胺的浓度会迅速下降，人的兴奋和满足感会逐渐消退，还有可能产生后悔心态：不知当初的自己为何会吃那么多零食或购买那么多商品。换句话说，在多巴胺的刺激下，人们往往是享受了购物的过程，却不知道是不是买到了适合自己的东西。

多巴胺是名副其实的"爱情毒药"

当人感到愉快、刺激的时候，会分泌出大量多巴胺，从而脸红心跳、血压升高。在"2·14"情人节和农历七月初七的七夕节日期间，最为合宜和易得的礼物是巧克力，这是因为爱情=多巴胺+苯乙胺+后叶催产素，而巧克力中含有大量苯乙胺。吃越多的巧克力，越能够有更多伴生的多巴胺，越能够感受到甜蜜蜜的爱情。汉乐府民歌《上邪》中的"上邪，我欲与君相知，长命无绝衰，山无陵，江水为竭，冬雷震震，夏雨雪，天地合，乃敢与君绝"，直白地表达了这种愿望。

动物的爱情故事同样少不了多巴胺。终身一夫一妻制的"性情动物"田鼠，当雄田鼠和雌田鼠交配以后，雄田鼠的大脑就会释放出大量多巴胺，会一生一世忠于雌田鼠。当已有伴侣或曾有过伴侣

---

① 出自（西汉）戴圣：《礼记·大学》。

的雄田鼠再次结识一个新异性时，它大脑里的这个区域就会发生剧烈变化，尽管这个时候雄田鼠的大脑也会产生"爱情毒药"这种化学物质，但是此时，该化学物质会被已经改变的大脑"沟渠"导向另一个神经元，导致雄田鼠无法对新异性点燃起曾有的激情。刻骨铭心的初恋正是多巴胺兴风作浪的结果。

多巴胺会给人一种错觉——爱可以永久狂热。不幸的是，人类身体能耗有限，不可能永远处于心跳过速的巅峰状态，大脑被迫打消狂热的念头，让多巴胺自然地新陈代谢，激情终化为平静。所以，最好在两年半之内和恋爱对象结婚。这是因为相恋初期，双方被对方吸引，强烈的多巴胺分泌会让人冲动地去做任何事情。结婚之后，随着时间的推移，理性慢慢回归，感情方面的七年之痒也就发生了。

当爱情遇到挫折时，本来"窈窕淑女，君子好逑"，可现在却是"求之不得，寤寐思服"。其本质是，失恋时多巴胺分泌少了，为伊消得人憔悴，影响身心健康；严重时，会让人心情压抑、悲观甚至绝望。就好像你每餐都吃两碗饭，然后，有一餐你只吃半碗，就会感到饿、感到不满足一样。所以，治疗失恋要不就是等大脑适应这个多巴胺的量——至少半年时间；要不就是用其他爱好来让大脑产生多巴胺使大脑满足，所以，这时最好的办法就是迅速地再和另一个人恋爱，这样就会有稳定的多巴胺来源。

多巴胺并非总能够主宰人的行为

越南战争时期，有 1/5 的美军使用海洛因，可以预想当战争结束后，美国的街头会有很多瘾君子，但事实上并没有。在战争期间使用过海洛因的美军，95% 的人直接停止使用。也就是说，成瘾还与所处的环境有关系，这是因为人类基本的需求是连接彼此。当人们健康又开心时，会建立并加深与身边人的关系；当人们心中有事或有来自生活或工作的压力，又不能与身边的人建立起连接时，为了缓解压力，可能需要与某物连接，这可能是香烟、毒品，也有可能是网络、赌博。

在漫长的人类进化过程中，人类不断地学习到新事物，认识和了解以前从未接触过的新事物。在认识到多巴胺能"直教人生死相许"后，一方面，人们可以通过改变环境，切断能产生多巴胺的物质刺激，走出欲罢不能的困境；另一方面，人们可以通过认识和了解以前从未接触过的新事物，记住它们可能带来的愉快奖励，重新编码多巴胺的分泌机制，使之奖励有利于人类生存下去的行为。

跟着感觉走

陈滨桐教授："国内的生活压力和工作压力很大，你要先谋生再谋事业。在国外生活，压力相对小，在没有为中国高校服务之前，我每年都有两个月时间去钓鱼。"

赢豫："钓鱼有什么乐趣？"

陈滨桐教授："钓鱼和赌博一样，都是不确定情景中的优化问题。鱼饵甩出去后，未来的收益有不确定性，心中总是期待一个高的回报；鱼儿咬钩之前，不会收到任何信号，在咬钩的一刹那，鱼线收紧，内心有一个'脉冲式'的极度喜悦；卷线拉鱼的过程，内心平静，因为结果已然揭晓。极度的喜悦令人上瘾，让我经常钓鱼，邻居都跟着沾光，有鱼吃。"

赢豫："我去鱼塘钓鱼，没有野趣带来的不确定性。用带有漂的鱼钩，鱼儿咬钩时，会有信号提示，把咬钩的一刹那的愉悦拉长，没有机会享受到脉冲式的极度喜悦。"

陈滨桐教授："这种脉冲式的极度喜悦，和轻微中毒的感觉一样。曾经喝醉过一次，从游船上走下来时，脚踩在甲板上，就如踩在棉花上一样，轻飘飘、软绵绵，非常美妙。"

垂钓之趣

> 跟着感觉走，紧抓住梦的手，蓝天越来越近越来越温柔；
> 心情就像风一样自由，突然发现一个完全不同的我。
> ——歌曲《跟着感觉走》[1]

钓鱼之所以令陈滨桐教授上瘾，是因为"回忆自我"在不断地强化"脉冲式"的极度喜悦。

"最近如何"的"回忆自我"和"现在如何"的"感受自我"

"回忆自我"记录生活、抒写生活的状态，在乎的是"最近如何"；而"感受自我"活在当下，洞察当下，在乎的是"现在如何"。这个提法来源于一个故事：你愿意做痛苦的思考的苏格拉底还是做一头快乐的猪？因为每个人都有两个自我：一个回忆自我，是苏格拉底；一个感受自我，就是那头猪。

为了形象地说明两个自我，要借助 Kahneman 等（1997）的实验进行具体解释。参与者体验以下两种情形：

情形一：将手放在刺骨的冷水里泡 5 分钟；

情形二：将手在水里泡 10 分钟，前 5 分钟水温和情形一中的一样冷，后 5 分钟将水温慢慢调高，使得水温虽然仍然很冷，但感觉要稍好一点。

实验结束后，实验员问参与者，如果可以从情形一和情形二中选一个重新体验，是愿意选择情形一还是愿意选择情形二呢？作为一个"理性"的旁观者，可能会觉得情形二等于是情形一加 5 分钟额外的折磨，因此情形一是严格优于情形二的选择。可问题是，绝大多数参与者选择情形二。其中的原因是，虽然作为猪的

---

[1] 歌曲《跟着感觉走》，苏芮演唱，陈家丽作词，陈志远作曲。

参与者，也就是那个感受自我，也许会更倾向于选择情形一，但真正做选择的却是那个作为苏格拉底的参与者，也就是那个回忆自我，更倾向于选择情形二。

"感受自我"是连续记录的传感器，"回忆自我"是间断性记录的记录仪

人们只能记住经历中的一两个突出的感受，这些被记住的通常是该经历的高潮部分或尾声部分。也就是说，人们最能记住的是"峰值"和"结尾"，而对感受的"长度"并不敏感。因此，虽然情形二中受折磨的时间更长，但最终让人们记住的却是结尾时稍好的感觉而不是痛苦的时间更长；虽然情形一折磨人的时间更短，但最终让人记住的仍然是刺骨的冷水而不是痛苦的时间更短。

可见，人的描述很多时候并非真实，而是在于其如何看待感受。为了测量"感受效用"，Kahneman等（1997）采用了两种方法："快乐测量仪"和"回顾性评级"。

"快乐测量仪"：由Edgeworth（1881）提出，认为同等情况下，如果时间翻倍，"体验效用"就会翻倍。

"回顾性评级"：由Kahneman等（1993）设计，该方法主要由"峰终定律"和"过程忽视"构成。"峰终定律"：整体的回顾性评级可通过将最糟糕时期和最后时刻的平均加权而评估出来；"过程忽视"：过程的持续对所有疼痛的评估没有任何影响。

在以"两名病患经历痛苦的结肠镜检查数据"的实验中，参与者被分为两组，每组的每个参与者都要间隔60秒对当前的痛苦程度进行评价（用0~10的范围值表示，0表示"没有任何痛苦"）。其中：

A组的检查时间短，但是结束前的最后评价高（时间短，痛苦程度大）；

B组的检查时间长，但是结束前的最后评价低（时间长，痛苦程度小）。

其中，快乐测量值是由研究者从参与者不同时刻的体验报告中计算出的数据；回顾性评级则对过程不敏感，只是权衡两个单一时

刻的值，即高峰和末端。

根据"快乐测量仪"法，A组的痛苦程度要小于B组。但是，由"回顾性评级"计算出的结果，A组的痛苦程度是大于B组的。B组在最疼痛和检查结束时感受到的疼痛程度较轻，检查过程留给他们的回忆就不太痛苦；A组感受到的疼痛是急促而短暂的（检查时间短，最疼痛和检查结束时感受到的疼痛都较重），检查过程给他们留下了可怕的回忆，所以，A组的"回忆自我"比B组强烈。但是站在即时感受的角度，B组的检查时间更长（"曲线下的面积"比A组大），所以，A组的"感受自我"就没有B组强烈。

商家从感受和回忆自我的偏差中谋利

各个行业的商家充分利用了峰终现象导致的感受自我和回忆自我的偏差。一部电影可能让人笑了整场，但如果结尾处是个悲伤的结局，人们会对此剧形成一个这是一个大悲剧的深刻印象。美国联合航空公司的旧金山至纽约航线推出"优质服务"套餐，会在飞机将要着陆前为头等舱的旅客提供温热的甜饼及餐后薄荷糖。旧金山的Gary Danko餐厅会送客人一份糕点带回家作为第二天的早餐。类似地，还可以解释为何赌场从不缺客源，这是因为赌博成性的人离不开中奖的一刹那所带来的巨大幸福的冲击感。

可规避感受和回忆自我的偏差

在高校中，学生评价老师的授课效果，是在学期结束的备考阶段，学生忙于复习，当下的关注点是考试是否容易，全然忘记了每一次上课老师认真备课后所传授的知识要点和收获。设想，小杰在上课，旁边坐着小联，小杰每上完一节课，小联就问小杰："你觉得老师的课上得怎么样？"小杰的评分立刻会被小联记录下来；当小杰上完所有的课之后，小红又走过来，向小杰发问："你觉得这位老师这学期课上得如何？"这时小杰的评分又被小红记录下来。那么，小联将得到的评分平均后，与小红得到的评分是否一样呢？可能不一样。这是因为向小联回答问题的是小杰的"感受自我"，而向小红回答问题的则是小杰的"回忆自我"。

显而易见,在事情发生的情景中,个体感受来自于当下的自我,而在事情发生之后,个体感受来自于回忆中的自我。"感受自我"是传感器,将每一时刻的"体验效用"采集下来,是对数据的完整记录;"回忆自我"是用一种近似方法记录极值——峰值和终值,从而形成对事件的记录。

显然,人类大脑进化至今形成的这种"近似"记录和处理方式,没有给"感受自我"分配足够的存储空间来记录数据,导致"回忆自我"并不可靠。

心为身役

赢豫："您从事的人体解剖学研究，就是普通人想象中可怕的解剖学吧？"

朱亚文教授："并不可怕，教了几十年书，没有哪位女学生因害怕而无法继续学业。"

赢豫："医生勇敢、潇洒，最近看了一部老的电视剧《心术》，里面的男医生在生活、事业上皆风流倜傥。"

朱亚文教授："多数时候，医生都是灰头土脸的，忙于门诊、手术和撰写论文；只有在他身穿手术服，被助手跟着、被病人家属的期盼的目光看着，走进手术室的一刹那，他才会由内而外地觉得潇洒。"

赢豫："医生的心理感受，受外部环境影响。"

朱亚文教授："医生是修理人的人，知道人的零件不好配，甚至没有。若手术不成功，其实，医生比病人家属更失望。"

潇洒的医生（朱颖弢）

做医生的穿上了那件洁无纤尘的白外套，油炸花生下酒的父亲，听绍兴戏的母亲，庸脂俗粉的姊姊，全都无法近身了。
——张爱玲：《年轻的时候》

身随心变普遍存在。贪婪、卑鄙的龌龊小人会"见钱眼开"，惊讶或受窘的人会"瞠目结舌"，极端愤怒的人会"怒发冲冠"，而心为身役的感觉却不易被觉察。

身处温暖的物理环境能让人产生更多积极想法

人们常常用"亲热""温暖"等描绘人际的和谐、友善和关怀，用"冷眼""寒心"来形容人际的不和与障碍。中国人最基本的待客之道是引座上茶：觅着茶香，啜着热茶，方可畅谈古今，宾客尽欢。那么这种人际的冷热同物理的冷热体验有必然的联系吗？

Williams 等（2008）证明了心理感觉和身体感觉之间存在联系。实验者把 41 名参与者分成两组，一组参与者手拿一杯热咖啡，另一组参与者手拿一杯冰咖啡，然后让这些参与者对一个想象中的人物进行人格评估。评估借助于有关这一人物的一系列信息，这些信息所描述的人的特征都是关于智商的、中性的，如聪明的、勤恳的、果断的等，从这些信息中并不能判断出这个人在情商方面的特征，譬如，在待人接物上是否热情或冷淡。研究发现，两组参与者的反应有显著的差别：手拿热咖啡的参与者更倾向于认为该人是热情、和善，让人感到温暖的；而手拿冰咖啡的参与者更倾向于评价该人为冷漠、不友好、难以接近。

反过来，孤独感高的人更需要处在一个温暖的物理环境中。Bargh 等（2012）分析了近 200 个人的洗澡习惯，并且记录了他们洗澡前后的感觉；他们还让参与者接受了用于评估社会隔离程度的标准测试，也就是要看看参与者有多孤独。研究发现，孤独感高的人往往会花更多时间洗澡，使用的水温也更高，他们似乎是想用热水来温暖因缺乏经常性的社交活动而冰冷的心。

生理上不适引发人对情感性替代资源的渴望

在电影《黄金时代》[1]中，回想起萧红临终前的痛楚，骆宾基的周身充满悲痛、绝望、愤懑和无助，他走在路上，含着泪，只能通过口中嚼着的口香糖带来的一丝丝甜意，抚慰自己悲伤的心情和萧红的孤苦灵魂。

Swami 等（2006）认为，在空腹男性眼里，体形胖些的女性比苗条的女性更具魅力；若他们一旦填饱肚子，又回归传统审美观，会偏爱身材苗条的女子。造成这种现象的原因，可能是人类原始本能的驱动，在远古蛮荒时代，人类认为肥胖健硕的体格象征着健康和更好的生存能力。尽管瘦削身材如今风靡全球，空腹的男性仍然会本能地偏爱身材丰满的女性。苟清龙教授说，依此逻辑，偏爱"环肥"的唐玄宗估计是天天吃不饱饭，而偏爱"燕瘦"的汉成帝应是日日饱餐了。

衣着服饰的质量和品牌影响人的诚实程度

Dan Ariely[2]到《时尚芭莎》访问后，获得一款普拉达黑色小旅行包，走在大街上的感觉突然就不同了：站得更直了，走起路来还有些趾高气扬。于是他便开始思考穿戴冒牌货的人是否更不诚实了？他用了珂洛艾伊[3]眼镜，邀请女性参与者佩戴该眼镜，并完成一系列测试。

实验中，女性参与者所佩戴的眼镜有 3 种：正品眼镜、冒牌眼镜和品牌情况不明的眼镜。在正品眼镜条件下，告诉女性参与者她们戴的是正品珂洛艾伊眼镜，只有 30%的女性参与者多报了她们答

---

[1] 《黄金时代》，导演许鞍华，主演汤唯。
[2] 美国杜克大学商学院教授，著有畅销书《怪诞行为学》等。
[3] 珂洛艾伊（Chloe）品牌创立于 1952 年，诞生时只有女装，后来逐渐增加了眼镜、香水和包包手袋、鞋靴系列。

对的题数；在冒牌眼镜条件下，告诉女性参与者她们戴的眼镜是冒牌的，但其外观和正品珂洛艾伊眼镜无任何区别，有74%的女性参与者多报了她们答对的题数；在情况不明的实验条件下，没有对眼镜品牌的真假情况进行说明，有42%的女性参与者作弊了。

Dan Ariely 的研究表明，穿戴正品服饰不会显著地提升女性的诚实度，但如果女性明知故犯，穿戴了一件冒牌的服饰，她的道德上的束缚就会放松，会变得更不诚实。需要特别指出的是，在 Dan Ariely 的实验中，女性参与者是依据实验者的指示，被动带上冒牌的和情况不明的眼镜，现有的实验结果无法区分女性主动选择或被动选择非正品眼镜的行为与其诚实度之间的关系。因此，其研究所得出的结论，尚无法完美地解释实践中观察到的女性购买非正品眼镜与诚实度的内在关系；不过，如果你的朋友或约会对象穿戴着一款冒牌服饰，还是小心些为上策，因为她可能会比你想象中的更不诚实。

在 Dan Ariely 的研究中，选择了女性参与者作为实验对象；若选用男性参与者作为实验对象，可以回答男性和女性在诚实度方面存在什么差异。

身体的姿势会影响人们对于大小的估计

具身的启动效应认为，人的意识被外界刺激左右的程度远超出了人们的想象。Eerland 等（2011）认为，当人们向左倾斜时，经常会低估评判对象。如当人向左倚靠，会让埃菲尔铁塔看上去更小一些。

但是，2012 年，一个实验室试图重复 Bargh 等（2012）的结果，却无法得出同样的结果。自此之后，关于这个实验和其他相关结果的争议越演越烈。丹尼尔·卡尼曼[1]给具身效应研究领域的学者写了一封公开信：到底是因为原来的效应就不存在，还是说那些重复实验的心理学家缺少其中必要的研究技巧、统计出错或者无法

---

[1] 丹尼尔·卡尼曼（Daniel Kahneman），1934 年出生在以色列特拉维夫，普林斯顿大学教授，和乔治梅森大学教授 Vernon L. Smith 分享 2002 年诺贝尔经济学奖。

完美地还原当初的实验设计？

　　总的来说，具身的启动效应虽然能够解释一些人类的行为，从这个角度讲，风水（环境）影响人是必定的，但是，研究结论的普世性还有待验证。

此钱非彼钱

刘方教授："好像把信用卡落在租车公司了？"

赢豫："在背包和钱包里仔细再看一遍？"

只见刘方教授，先是细致地翻看了背包里的各个夹层，再一一拿出钱包，查看所要查找的信用卡是否还在。

刘方教授："找到了！呵呵，我的行为比自己预想的还是谨慎些，没有落在出租车公司，否则，现在跑一趟租车公司，时间耽误，就不能赶上今天回家的航班了。"

赢豫："找到就好。刚看你翻看钱包，怎么拿出来的钱包一会是红色的，一会是黑色的？在变魔术吗？"

刘方教授大笑……

刘方教授："我有好几个钱包。父母家在中国北京，工作在新加坡，平日，经常要去中国香港的合作者处访问，到了假期，还要到美国参加学术会议。不同地方，现金币种不同，驾照也不一样，我把在不同地方要用的现金放在了不同钱包中。"

赢豫："岂不是要备四个钱包？！"

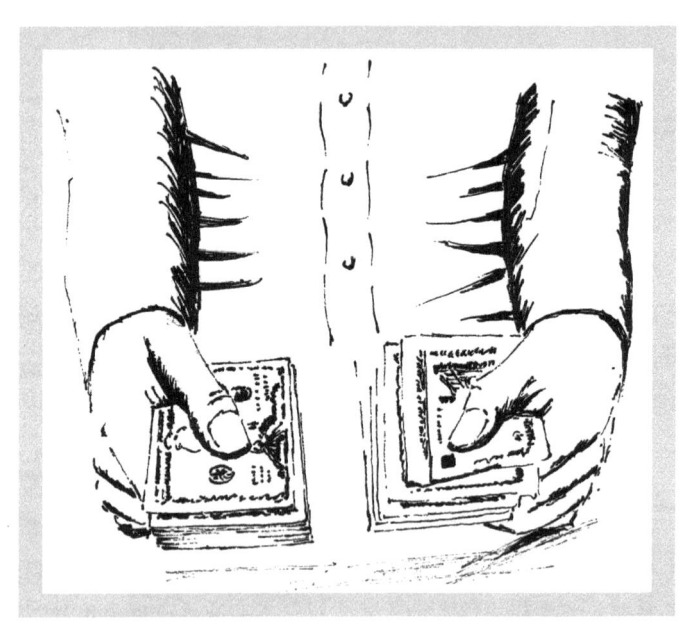

铜板的心理账户

你应该明白，钱是等价的，不应该将同样的钱人为地打上不同的记号，而应该对不同来源、不同时间和不同数额的收入一视同仁。

——奚恺元（2006）

把钱分为几个部分，虽然幼稚且不优化，但有助于把消费的复杂问题简单化，帮助人快速作出决策，这种小花招叫心理账户。账户每年、每月甚至每天都会被重新核算调节，而且每个人划分账户的范围也是不一样的，有些分得很粗略，有些则分得很细致。

心理账户令钱分出彼此

互联网企业引领着人的欲望，就像美国的银行把手机号和银行账户绑定，可以基于手机号进行转账。腾讯把铜板和微信账号绑定，给客户提供的不仅是礼轻情意重的心意，更是拼出全身力气也要抢的运气。近几年，春节期间在微信里发红包、抢红包的风气流行起来，笔者抢到的唯一一份红包来自于所属领域的学者交流群，金额是1元钱。2015年春节，和郭晓朦教授正在开车的路上，她突然说："哦，忘了在同学群里抢红包了！"内心无限遗憾与后悔。

为何现实中1元钱都不捡的人，却热衷于抢网上的1元钱呢？这是因为人人都设立了一个专门用来抢红包的"心理账户"。上网从来都是一件花钱的事，能从它上面赚点钱实在是太不容易了，而且别人抢的红包也都是几毛、几元的，因此，"网络账户"中若是收入了1元钱，会被认为是一个大数目。

拉斯维加斯流行一句口诀：永远不要把左口袋里的钱输光了。职业赌徒把本钱放在右口袋里，右手是负责支出的；把赢回来的钱放在左口袋里，左手是负责收入的。这样当右口袋一文不剩时，左口袋多少还能剩一点。左口袋的钱和右口袋的钱一样吗？对于一个绝对理性的人来说，是没有分别的。但是，一个正常人是不可能完全理性的。

实践中，人同样是这般幼稚。人们都有类似的经历，如果去实体店购物，即便试穿过很多衣服，若要拿出现金或银行卡立刻支付，多数人还是十分谨慎的，因此，多数实体店的销售业绩一般。当人们在网上购物时就完全不同了，对待一些物品，有些人甚至不会"货比三家"，就直接购买了。虽然此时花费的仍然是自己的钱，但是却是来自于"网络购物"的账户，多数人并没有像支出现金或刷银行卡那样谨慎，人们甚至还会在电子商务网站大促销时，买回来一堆无用的东西。

很多商场喜欢与企业合作，发行购物卡。购物卡的效用并不在于它表面上的支付便利性，而是它们往往是以季度奖金、节假日福利、关系客户赠品的方式进入到消费者手中，它们被放在相对宽松的"额外奖励"心理账户中。因此，极少有人会将它们等同于自己工资卡上的金额，所以在消费上也就更加大方和慷慨了。

在出租车行业，出租车司机每天以一个固定的租费租用汽车，租用的时间是12小时。12小时很长，司机可以自己决定是干满12小时，还是只用一部分时间工作。按理说司机应该在生意好的时候工作较长的时间，在生意不好的时候工作较短的时间，事实上，大部分司机在生意好的时候都提前下班了，因为他们对自己每天赚的钱建立了一个目标账户，实现了这个目标，他们就不愿意再工作了。

人还会在心里把时间分成各种类别

例如，人们对早上的时间和晚上的时间进行区别对待。假如晚睡，晚上9点到夜里12点这段时间会倾向于做什么呢？是跑步锻炼、学习外语、复习考试，还是看《中国好声音》？如果晚上9点就睡觉了，早上5点起床，那么早上5～8点这段时间又倾向于做什么呢？通常人们在心理上觉得早上的时间比晚上的时间更宝贵一些。好不容易起床才赢得的这几个小时，怎能随随便便浪费在无聊的事情上？可晚上就不同了，只要不睡觉，它就一直在那里，甚至人们还会嫌时间太长没事可干,不知道怎么消磨。所以,当一个人失眠的时候,除了身体生理层面的原因之外,还有一种可能的解释是,晚上的时间不如白天的时间有价值。

心理账户能解释沉没成本效应

人们会根据不同的账户来考虑一切,这些账户帮我们想得更快,但也会歪曲我们的决定。Thaler(1980)用两个简单的问题来展示心理账户的作用,以解释个体在消费决策时为什么会受到"沉没成本效应"的影响。

情形一:丢电影票。"假设你决定去看一场电影,花 10 美元买了张票。可是一进电影院,你就把票丢了。座位不对号,你也没办法重新拿张票。你会花 10 美元再买一张吗?"

调查发现,只有 46% 的人(200 名参与者)愿意再买一张电影票。对于另一个很接近的问题,人们的答案却完全不同。

情形二:丢现金。"假设你决定去看一场电影,一张票 10 美元。可是一进电影院,你就丢了一张 10 美元大钞。你还会花 10 美元买张电影票吗?"

尽管在两种情况中,损失都是相同的 10 美元,但这次 88% 的人(183 名参与者)说愿意买电影票。

人们心中把现金和电影票归到了不同的账户中,即"现金"账户和"电影票"账户。所以丢失了现金相当于"现金"账户遭到了损失,并不会影响电影票所在账户的预算和支出,大部分人仍旧会选择去看电影。但是若丢了电影票,丢了的电影票和后来再买的电影票都会被归入同一个"电影票"账户,再买一张票的话,电影就显得有点贵,因为看上去好像要花 20 美元看一场电影,人们当然会觉得这样不划算,这也造成了实验中只有 46% 的人愿意再次购买的结果。

心理账户助决策化繁为简

每个人的生活都有千头万绪,人脑总是想把事情整合到一块儿，让复杂的生活稍微有点条理；我们不是一块一块地数花掉的钱，而是把钱分到不同的账户中。五星级酒店的无线网络可以额外收钱：消费观会随着已投入的资金水涨船高，反正账单已经几百美元了，附加的网络费用看上去也就没那么显眼了；而便宜旅馆更可能提供免费网络和自助早餐。

家庭生活，特别是家庭理财，需要"化繁为简"。肖斌卿教授念念不忘家庭消费金融问题，本质上就是在追问一个家庭究竟需要几个心理账户。每个人都需要多个小金库，理财经理的工作核心秘密就是：来来来，到我这里建立一个心理账户，让我帮助你把复杂问题分割。

行文到此处，突然收到妹妹的微信红包，第一反应是，这是一笔意外之财，留着去深圳吃早茶，即所谓的此钱非彼钱。

聪明反被聪明误

《我的危险妻子》[①]剧情概要：

妻子毫不保留地展现自己的控制欲，让丈夫难以忍受，甚至达到了有生理反应的地步（荨麻疹）。

丈夫的出轨让两人死水般的关系出现重大裂痕。妻子利用学弟帮助自己实施假绑架案，留给丈夫一封信：索要赎金2亿日元，落款"N31"。

2亿日元赎金，引发了丈夫、丈夫情妇、姐夫、邻居等人的争夺，妻子利用这些人的人性弱点报复出轨的丈夫，但都没有蓄意伤害他的性命。

在剧情的结尾，当丈夫知道"N31"和妻子若被绑架将获得的16亿赔偿金有关，妻子所做的一切可能都是为了16亿时，瞬间，丈夫的眼神由惊喜变成了别有所思。

[①]《我的危险妻子》（僕のヤバイ妻），是日本富士电视台于2016年4月19日首播的电视连续剧。

相爱相杀

> 机关算尽太聪明，反送了卿卿性命。
> ——（清）曹雪芹：《红楼梦》

贝叶斯定理源于 Thomas Bayes[①]为解决一个"逆概"问题而写的一篇文章，在这篇文章之前，人们已经能够计算"正向概率"，如"假设袋子里面有 N 个白球，M 个黑球，伸手进去摸一球，摸出黑球的概率是多大？"反过来，一个自然而然的问题是："如果事先并不知道袋子里面黑白球的比例，而是闭着眼睛摸出几个球，观察这些取出来的球的颜色之后，对袋子里面的黑白球的比例应该作出何种推测？"

彼此争论的人会达成一致见解

在涉及信息更新的谈判过程中，若两个人是完全理性的，充分应用了贝叶斯定理，争论的结果必然是二人达成一致。换句话说，如果争论不欢而散，那么其中必然有一方是虚伪的。Aumann（1976）用严谨的逻辑表达了这一观点：

If two people have the same priors, and their posteriors for an event A are common knowledge, then these posteriors are equal.

Aumann（1976）的意思是，如果两个人有相同的先验信念，并且他们关于事件 A 的后验判断是共同知识，那么，他们关于事件 A 的后验信念也将相同。打个比方，如果小杰跟小联对于美国总统大选的基本近况信息的认识一致，换句话说，如果小杰认为希

[①] Thomas Bayes（1701—1761），英国数学家，首先将归纳推理法用于概率论基础理论，并创立了贝叶斯统计理论，对统计决策函数、统计推断、统计的估算等作出了贡献。

拉里[①]获得了美国的民主党的全力支持、特朗普[②]获得了美国的共和党的全力支持,小联也这样认为,这就可以说他们的"先验"是一致的。也就是说,他们两个理性的人就好比两台计算机,如果给他们完全相同的输入,他们可以计算出相同的结果来。

到了美国总统大选的前夜,如果小联对小杰说,小联认为希拉里将赢得选举而成为美国的新一任总统,而小杰向小联宣布,小杰认为特朗普将赢得选举而成为美国的新一任总统。这样一来,他们两人的观点就被亮出来了,也就是说,不但小杰知道小联的观点,而且小联知道小杰知道小联的观点,同时,小杰知道小联知道小杰知道小联的观点……这叫他们的观点是"共同知识"。他们的争论过程大约是这样的:

小联:"我认为明天希拉里将赢得选举而成为美国新一任总统。"

小杰:"了解。但我认为特朗普将赢得选举而成为美国新一任总统。"

小联:"收到。但我仍然认为希拉里会赢得选举。"

小杰:"特朗普。"

小联:"希拉里。"

小杰:"特朗普。"

小联:"好吧,特朗普。"

当小联第一次说我认为希拉里将赢得选举而成为美国新一任总统时,小杰应该了解,小联一定是掌握了某些赛前信息才敢这样说,比如,小联深入研究过双方的实力对比。而当小杰听到小联的观点之后却反对小联的观点的时候,小联就知道,小杰一定掌握了更重要的信息。也许小杰有内幕消息知道希拉里的竞选策略存在某些致命的缺陷。虽然小联不知道具体是什么信息,但小联可以从小杰此时的态度判断这个信息一定很强。而小联如果在这种情况下仍然坚持认为希拉里将赢得选举而成为美国新一任总统,小杰就得进

---

① 希拉里·黛安·罗德姆·克林顿(Hillary Diane Rodham Clinton,1947年10月26日—),美国律师、政治家。美国第67任国务卿,前联邦参议员(代表纽约州),美国第42届、43届总统比尔·克林顿的妻子。

② 唐纳德·特朗普(Donald John Trump,1946年6月14日—)出生于美国纽约皇后区,美国商业大亨、电视名人和作家。

一步了解小联一定掌握了更重要的信息，比如，小联知道最新的民意调查向着希拉里。以此类推，直到几次往返之后，小联发现小杰仍然坚持特朗普将赢得选举而成为美国新一任总统，那小联只好认为小杰刚刚从未来穿越回来，于是小联决定赞同小杰的观点。

多数人不擅长使用贝叶斯定理

在经济运作中，生产者比消费者拥有更多产品质量信息。当信息验证、披露及验证成本较低时，市场运作会促使生产者自愿而充分地披露产品质量信息。因为当所有商家都不披露信息时，高质量产品生产者有动力首先披露信息以区别于其他生产者；当产品质量处于连续状态时，从最高质量产品生产者开始，信息披露会层层展开，直至最低质量产品生产者。最终实现均衡：所有生产者都自愿而充分地披露信息。

现实中，虽然各行各业的企业都会披露一些产品质量信息，但远不充分。现有的两种可能解释如下：一种是从外部因素出发，认为生产者搜集和公布某些信息的成本较高，而且消费者可以从其他途径更便宜地获得这些信息，因此生产者选择有所保留；另一种是生产者为使自我产品差异化或为避免消费者对信息的"得寸进尺"，策略性地选择仅仅公布部分信息。

Jin 等（2015）认为，可以从消费者错误推断的视角进行解释。在实验设置中，研究者把参与者随机分成两类：一类充当拥有私人信息的生产者；另一类充当没有私人信息的消费者。生产者充分了解其产品质量并选择是否及在多大程度上向消费者披露该信息，但不可以披露错误信息；消费者知道产品质量分布，知道生产者充分了解产品质量水平，也知道生产者有可能不充分披露信息，但不知道自己所面对的具体产品质量，只能根据生产者披露的情况进行猜测。

Jin 等（2015）发现，在控制住前述提及的外部因素与策略性行为之后，信息披露仍旧不充分。其发现生产者倾向于保留部分信息，这些没有公布的信息往往是比较糟糕的信息。尽管这一信念的正确性得到了较多确证，但消费者并未重视这一点，即没有充分质疑生产者为何保留部分信息，以及保留的信息是好是坏，进而高估产品质量。消费者的高估使生产者发现，即使不充分披露信息也不会受到市场的惩罚，于是有更多的动机来保留部分信息。作者指出，额外告知消费者有多少比例的生产者会保留信息，可以有效纠正消费者的错误信念，大大提升生产者信息披露程度。

擅长贝叶斯定理的人并不总能作出正确的决策

这是因为擅长贝叶斯定理的人，并不知道其他个体是否如他一样擅长。Nagel（1995）设计了猜数字游戏：参与者被要求猜一个从 0~100 的数字，所猜数字与众人所猜数字平均值的 2/3 最接近的人获胜。如果个体都是完全理性的，则经过简单推理，可发现最优解应该是 0。如果个体并不都是完全理性的，则 0 并不是一个最优解，最优解取决于所有参与个体的理性分布程度。

中国有句古话是：聪明反被聪明误。人们在选择是否充分实施贝叶斯定理的魅力时，要想想竞争对手是否足够聪明也会意识到这一点。也就是说，多数人不擅长使用贝叶斯定理，能够使用的是聪明人，但是，仅自身使用贝叶斯定理，而忽视他人的理性程度，有时候会导致较差的结果。

见树不见林

赢豫:"同样一个话题,听学生讲,和听老师讲有完全不一样的感觉。"

肖文强教授:"有一些学生作学术报告表现为一种汇报工作式的,缺少了起承转合,也缺少深入思考;背后的原因是,在思考这类问题时,只见树木不见森林,没有亲身深入地思考。那么,在作学术报告过程中,应对各类提问的现场反应能力,就稍显不足。所以在工作中会在做报告上吃不少亏。可以考虑采用一个标准的流程:先说所观察到的问题现象是什么,再说学术界的现有认识是什么,接下来是建模、解模,给出严谨的结论,最后,把得到的结论再回应到所提出的研究问题上。"

赢豫:"论文以问题为导向,研究结果的普世性需要把握得准。"

肖文强教授:"这方面不会出大问题。当观察到一个有趣问题,经过深入思考,并在模型层面高度抽象之后,它必然会具有普世性。"

眼界大不同

> 一叶蔽目，不见泰山；两豆塞耳，不闻雷霆。
> ——《鹖冠子·天则》

传统决策理论认为，决策者在面对不确定环境下的决策问题时，会遵循期望效用最大理论进行决策。即决策者会综合考虑每个可能结果的效用与概率，从而选择期望效用最大的决策。实践中，并非如此。设想决策者需要做下列两组实验。

决策1：从a、b中作出选择。

a. 肯定获得240元；

b. 有1/4的概率得到1000元，3/4的概率什么也得不到。

决策2：从c、d中作出选择。

c. 肯定损失750元；

d. 有3/4的概率损失1000元，1/4的概率什么也不损失。

决策者对确定事件（a和c）的第一反应肯定是被a吸引，排斥c。对"肯定获得"和"肯定损失"的情感评估是决策者面对这一对选择题时的自动反应，肯定会发生在估计两种风险的预期值——分别为在b中获得250元和在d中损失750元，之前，因为这样的估计需要付出更多努力。因此，绝大多数决策者都会选a而不选b，选d而不选c。

决策者在作出选择后，再次查看所有选项，他可能没有估计4种不同选项组合的可能结果（a和c，a和d，b和c，b和d），以推测哪一种组合是最想选的。直觉上，决策者只会分别解答这两个决策问题，并且会觉得这样做比较简单。此外，综合考虑这两个决策性问题更费劲，可能需要笔和纸才能完成。所以，决策者并没有这样做。现在，请思考下面的选择问题。

决策3：从ad、bc中作出选择。

ad. 25%的概率获得240元，75%的概率损失760元；

bc. 25%的概率获得250元，75%的概率损失750元。

很明显，bc选项优于ad选项。

显而易得，在决策 1 与决策 2 中，选择 a 和 d 的人数占有压倒性优势，而 a 和 d 在决策 3 中是不被决策者看好的那两个。

实际上，很多与得失有关的简单问题都可通过类似的方法分解为选项组合，而分解后的决策很可能与最初的决策不一致。在决策 1、决策 2 和决策 3 中，决策者所采用的两种思考方式分别是：

窄框架：分别思考两个简单的决策问题。

宽框架：一个有 4 个选项的综合决策问题。

窄框架思维在决策中普遍存在。保罗·萨缪尔森[①]曾问朋友 A 君是否愿意玩一个抛硬币的游戏？玩这个游戏可能会损失 100 美元，也可能会获得 200 美元。A 君答道："我不会接受，因为我觉得获得 200 美元的满足感无法抵消我损失 100 美元的痛苦。但如果你能保证将硬币抛到 100 次的话，我就和你玩这个游戏。"除非是决策理论专家，否则，一个普通人就不会有 A 君的那种直觉：反复进行一个有趣却也有风险的赌注可降低主观风险。

用非常简单的价值函数来描述 A 君的偏好，假设 A 君感到输掉 1 美元的痛苦是赢得 1 美元的满足程度的两倍。为了表明自己损失规避的程度，A 君首先改变了赌注，将亏损金额改为原来的两倍。然后，他开始计算这个改变后的赌局的预期值。下面是他抛一次硬币的结果：

抛一次硬币的客观预期收益：50%的概率输掉 100 美元，50%的概率赢得 200 美元，预期收益为 50 美元。

A 君自己的心理感受：50%的概率输掉 200 美元，50%的概率赢得 200 美元，预期收益为 0 美元。

可以看出，这个赌注的客观预期收益是 50 美元。第一次抛硬币对 A 君来说毫无价值，因为考虑到自己的损失厌恶之后，A 君就会发现这个赌局的价值为 0。

现在，请考虑抛两次硬币的情况，结果如下：

抛两次硬币的客观预期收益：25%的概率输掉 200 美元，50%的概率赢得 100 美元，25%的概率赢得 400 美元，预期收益为 100 美元。

A 君自己的心理感受：25%的概率输掉 400 美元，50%的概率

---

① 保罗·萨缪尔森（Paul A. Samuelson，1915 年 5 月 15 日—2009 年 12 月 13 日），凯恩斯主义的集大成者。

赢得100美元，25%的美元赢得400美元，预期收益为50美元。

现在，窄框架的成本和多次打赌能降低风险便体现出来了。当A君分开来看的时候，就会认为它们毫无价值。当它们同时出现时，它们的共同价值就是50美元。若抛三次硬币的话，这个赌局就更有利了。结果如下：

抛三次硬币的客观预期收益：12.5%的概率输300美元，37.5%的概率赢100美元，37.5%的概率赢200美元，12.5%的概率赢600美元，预期收益为150美元。

A君自己的心理感受：12.5%的概率输600美元，37.5%的概率不输不赢，37.5%的概率赢300美元，12.5%的概率赢600美元，预期收益为112.5美元。

第三次抛硬币，尽管单独来看没什么价值，但却为整个赌注增加了112.5－50＝62.5美元的价值。当A君打的赌变为抛五次硬币时，这个赌局的期望价值就会变为250美元，而A君输钱的可能性是18.75%，他的心理预期收益为203.125美元。

A君的损失厌恶从未改变过，然而，随着抛硬币次数的增多，输的可能性很快就降低了，损失厌恶对其偏好的影响就相应减弱了。另外，从A君的心理感受来看，赌局的收益随着抛硬币次数的增加而增加，尽管单独每次赌博的心理预期收益均为0美元。

长远来看，宽框架肯定会为决策者带来收益，并且减少或是消除偶尔的损失所引起的痛苦。究竟是伸手抓眼前的利益，还是放长线钓大鱼，等待长期的更大利润，那得看决策者是在什么级别的管理岗位上，是男还是女。

总裁多采用宽框架，总经理多采用窄框架

有学者与一家大型企业的25名部门总经理进行过有关决策制定的讨论。他请他们考虑一个有风险的选择，做这一选择，他们可能会赔掉自己的大量资金或者是使那笔资金翻倍，其中输和赢的可能性是相同的。没有一位经理愿意接受这个如此大风险的赌局。他又询问了这家企业总裁的意见，总裁当时也在场。这位总裁毫不犹豫地回答道："我想要他们所有人都冒险。"在这个谈话情境之下，

这位总裁很自然地采用了宽框架，这个宽框架综合权衡了所有的单个赌注，这可依靠统计结果来使整个风险降低。

男性多采用宽框架，女性多采用窄框架

Van den Bos 等（2013）招募参与者完成一项任务。在每一个实验参与者面前都有4组纸牌供其选择，每张纸牌上都标明获益或者损失的钱数，每次抽出1张。4组纸牌中的两组会含有较大和较多的收益，但是经常从这两组里抽牌会导致长期收益受损；而另外两组则相反，每张牌虽然带来的收益不大，但相对应也会有较少的损失，所以经常抽取这两组的牌可以获得长期利益，从而取得游戏的胜利。研究发现，男性注重大局，会关注自己的总收入，以最终赢得游戏获得长期利益这一目标来选择应抽取哪组纸牌。而女性专注于细节，忽略了自己的收支平衡；并且，女性对损失特别敏感，一旦在一组纸牌中经受损失，她们就会立即换到另一组纸牌去抽取。

宽框架思考方式并非适用于所有决策情景

采用宽框架的思考方式进行经济决策，应该记住以下一些原则。

第一，当所有赌局都真正相互独立时，它才适用。

第二，它不适用于同一行业的多种投资，因为这些投资可能会同时遭遇失败。

第三，只有在可能的损失不会使你的全部资产处于危险时它才有效。

第四，若某个赌局中每次下注赢的可能性都非常小，就不该把宽框架的思考方式用在这个风险更大的赌注上。

抓住相关性漏了因果性

刘烨教授："刚拒掉一份稿件，讨论的是两个现象的相关性。拒稿的主要理由是，我认为这两个现象之间不会存在相关性。"

赢豫："也就是说，全世界的公鸡都睡过了头，太阳照常升起。不存在相关性关系，就更不可能有因果性关系了。"

刘烨教授："金融的实证领域强调因果性，希望论文作者回答引发某种金融现象的原因。据论文所得到的伪相关性，是不可能挖掘出来什么因果性，从而不能为企业的金融决策提供借鉴了。"

赢豫："纷乱的世间，人们希望条理化事件之间的关系。纷乱事件间相关性的建立，能够让人们获得一种安全感；再贪心点，人们还要试图去解释相关性存在的原因，要去建立一种因果性关系，帮助自己深刻地理解所处的不确定世界的运作规律。也就是说，在大多数情况下，一旦完成了对大数据的相关性分析，而又不再仅仅满足于'是什么'时，就会继续向更深层次研究因果关系，找出背后的'为什么'。"

太阳的"闹钟"

> 蒙患者虽知其然，而未必知其所以然也。
> ——（南宋）朱熹：《建宁府建阳县长滩社仓记》

统计概念的相关性和逻辑概念的因果性

相关性是统计上的概念，衡量的是 A 发生时 B 发生的概率；而因果性是逻辑上的概念，回答的是 A 发生导致 B 发生的可能。两个变量 A 和 B 具有相关性，是指 A 变动趋势和 B 变动趋势之间存在正或负的相关性。而两个变量 A 和 B 具有因果性，是指如果 A 发生了，那么 B 一定会发生；换句话说，A 事件发生在前，B 事件发生在后，并且这个关系是必然的。但是，具有相关性的 A 和 B，并不意味着它们具有因果性，因为 A 和 B 的相关性会有很多原因导致，并非只有 $A{\rightarrow}B$ 或者 $B{\rightarrow}A$ 这样的因果关系。一个很常见的导致相关性的可能性是 A 和 B 都是同样的原因造成的：$C{\rightarrow}A$ 并且 $C{\rightarrow}B$，那么 A 和 B 也会表现出明显的相关性，但并不能说 $A{\rightarrow}B$ 或者 $B{\rightarrow}A$。

由相关性得不到因果性

只依据统计数据是不足以得出因果性的，想要得出因果性，必须从理论上证明两个变量之间确实有因果性，并且要排除掉隐含变量同时导致这两个变量的可能性。

实践中，通过经验，人们观察到两个事件发生的前后关系之后，往往不自觉地推断这两件事情既然无数次地在一起发生，就必然存在某种联系，在未来也会永远地联系在一起，因此，人们就会认为这里有必然性。

但是，基于经验的归纳法是从个别的事件里总结出普遍的规律，而普遍规律就是相信在某种条件下，某件事情必然发生。也就是说，采用归纳法的前提，是必须相信两件事件之间存在因果性。经验可能只是片面的，何况世界本身也是在不断地变化，并且因果性是否存在也需要严谨的论证。最简单的例子就是公鸡打鸣与太阳升起：公鸡打鸣与太阳升起总是同时发生，但这并不表示把全世界所有的公鸡都杀光后，太阳就升不起来了。

勿互相颠倒因和果

人们倾向于把筛选标准（因）和成果（果）互相颠倒。董昶说他的老师常常自我反问道：学生有进步，是香港高校的博士生培养制度、研究氛围让他们有显著的提高，还是香港高校的博士生筛选制度保证了筛选到优秀的学生生源，于是在较好的研究氛围中，学生更是如鱼得水地发展自己的研究能力？

同样地，顶级商学院学生的收入比平均水平高。这些商学院是获得更好工作的原因吗？可能的解释是：被顶级商学院所选择的学生，多是雄心勃勃的聪明人，后来才获得比平均水平高的收入。换句话说，就算这些雄心勃勃的聪明人没有在顶级商学院学习，他们仍有可能得到比平均水平高的收入。

刚毕业不久的年轻人常常被父母催促生孩子，可能的一个理由是：养育孩子后会让他更成熟。那么，有孩子是他更成熟的原因吗？可能的解释是，更大的年龄导致其想生孩子和更成熟了，或只有更成熟的人才可能准备好了要生孩子。

类似地，调查发现，在铀矿工作的工人居然与其他人的寿命一样长（有时甚至更长）。这能表明在铀矿工作对身体无害吗？当然不是！其实，是因为去铀矿工作的工人都是经过精心挑选的身强体壮的人，他们的寿命本来就该长一些，正是因为去了铀矿工作才把他们的寿命拉低到了平均水平。

大数据强调相关忽视了因果

进入一个不论因果只论相关的大数据时代，其核心是要全体不要抽样，要效率不要绝对精确，要相关性的结论不要因果性的结论。人们最在乎预测未来，比如说，预测股票走势，预测流行疾病爆发的可能性等。这样的话，其实可以不去理会那么复杂的因果关系，只要知道相关关系就足够了。

"预测"是数据分析的主要目的之一。Ginsberg 等（2009）通过对 2003~2008 年的 5000 万个最常被搜索的词条进行大数据"训练"，试图发现某些搜索词条的地理位置是否与美国流感疾病预防和控制中心的数据相关，最后成功预测了 H1N1 在全美范围的传播，甚至具体到特定的地区和州，而且判断非常及时，令公共卫生官员和计算机科学家倍感震惊。与习惯性滞后的官方数据相比，谷歌成了一个更有效、更及时的指示标，不会像疾控中心一样要在流感爆发一两周之后才可以做到。

随后，Preis 等（2013）使用谷歌趋势共计追踪了 98 个搜索关键词，包括"债务""股票""投资组合""失业""市场"等与投资行为相关的词，也包括"生活方式""艺术""快乐""战争""冲突""政治"等与投资无关的关键词，发现有些词条，如"债务"，是预测股市的主要关键词。

可见，只要发现了两个现象之间存在的显著相关性，就可以创造出巨大的经济或者社会效益。大数据从相关性而不是因果关系着手，从本质上改变了传统数据的开采模式。

过于倚重相关性分析，也会导致两种负面效果。

一是大数据为人们提供了观察商业运行规律的新方法，但往往还是以非常粗糙的方式呈现，没有深入的"因果性"方面的分析。打个比方，大数据的价值只能停留在原油价值，而无法升华为汽油、化妆品等各种高附加值的工业产品。在试图回答因果性时，总会容易陷入各类陷阱，并且因果性也是无法通过经验观察的方法进行论证的。

二是过多偏重对于大数据案例实用角度的功利性解读，有时甚至是重复或过度解读，以及过分地强调相关性，导致对于追求因果性绝对的放弃，使得人们注重"计算机工程"而忽略了"科学"，得到了"结果"但失去了"过程"。

但更多时候，我们是需要知道事物之间的内在机制的，特别是在科学研究领域。放弃了对因果的追求,就是放弃了人凌驾于计算机之上的智力优势,是人类自身的放纵和堕落。因此,在大数据时代的相关性分析,需要多加小心;只不过为了论证因果关系,需要更加严密的实证来说明,这可以留待学者慢慢研究。

过忙让人傻

赢豫："您的每篇论文既模型精致又贴近实践问题，如何获取这种研究品位？"

董灵秀教授："一是尽可能让研究生活不要过度繁忙。奥林商学院还没有为具有终身教职的教授提供学术休假机会，只能自我调整时间安排，防止也勤奋了但做了些无用功。二是保持广泛的阅读、主动与他人交流。依据我对我的导师Hau Lee教授、合作者和同行的观察，拥有好的研究品位的学者共同之处是都有颗好奇心。好奇心驱使他们关注现实商业中的变革，渴望寻求到一种解释途径；无论何时，若机会允许，好的研究者都积极地参与到商业实践中，譬如，关于惠普公司的延迟制造和装配战略的研究话题，就是Hau Lee教授到斯坦福大学旁边的惠普公司休假时，观察惠普公司的打印机制造和销售流程而总结出的；好的研究者在做项目咨询过程中，会抓住所有可能的机会与实践中管理者开展深入交流；好的研究者的阅读范围不仅仅局限于商业期刊、《华尔街日报》，还包括所有可能的与所感兴趣话题相关的书籍。"

赢豫："慢工出细活。您的关于商业中断保险论文（Dong et al.，2012）的前期案头工作，不仅包括与售卖和购买商业中断保险的公司经理人的广泛交流，还和合作者分别阅读了美国、英国有关商业中断保险的法律条文。"

闲暇

> 忙处事为，常向闲中先检点，过举自稀。
> ——（明）洪应明：《菜根谭》

南京地铁的车厢里四处张贴着丰子恺①的各式画作，表达的是一种悠闲自得的生活态度。或许是匆忙上下地铁的人们太忙了，只能在坐地铁的时间里品味一下渴望而不可得的悠闲时光。

现代人的思维还停留在石器时代，却要适应有效信息相对稀缺的时代，因而有"看到字就觉得很重要"却没有能力处理重要信息的毛病。每一层传达消息的人都着眼于当下"紧迫而不重要"的事，"管窥"着自己手头的事情，认为消息传达是一项重要而不紧急的任务，可以不紧不慢地做，所以每一层都会拖延。这导致人人都被迫压着时间底线做事：学校里各种项目申报，从上层决定开始，层层下达，当下达到当事人时，通常离截止日期只有一两周，这才要当事人东拼西凑出"项目书"，或是要当事人赶时间填写各种"工作总结表格"。

长期资源稀缺孕育出权衡式稀缺头脑模式

为满足生存所需，人们不得不精打细算，持续从一项紧要任务转移到另一项紧要任务，没有任何"心力"来考虑投资和发展事宜，导致失去重要决策所需的资源。

Nobel 等（2015）认为，成长在贫穷的环境中的儿童，大脑时刻保持着资源紧张的状态，具有脑容量更小的"生物印记"：家庭年收入低于 25 000 美元的儿童，大脑表面积比家庭年收入超过 15 万美元的儿童要小 6%。贫困导致认知能力下降的机制可能是注意

---

① 丰子恺（1898 年 11 月—1975 年 9 月），浙江崇德人，师从弘一法师（李叔同），以中西融合画法创作漫画及散文而著称。

力转移,即贫困所引起的注意力消耗导致运用在其他事物上的精神资源被削减,使贫困者处理其他事物的能力减弱。恰如俗话所言——人穷志短,物质上的稀缺会导致稀缺心态,而稀缺心态会降低智商。

资源稀缺的人若要凡事做到完美代价高

拥有稀少资源的人准时完成各项事情的代价就是潜在的身体健康损耗。Miller 等（2015）研究了 300 名低收入、弱势群体非洲裔美国青年,发现那些自我控制水平高的,在一系列心理和社会测量中的表现较好,包括成年时较少抑郁,物质滥用和敌意也较少。对参与者的 DNA 甲基化的测量发现,这些成功的成年人免疫细胞老化得更快。政府首脑需要考虑的事情多,资源相对稀缺。Olenski 等（2015）对 17 个国家 1722～2015 年举行的选举进行了调查,发现和失败的角逐者相比,成功当选的政府首脑少活了 2.7 年,过早死亡的风险也高出了 23%。

资源稀缺的人做事显得笨

资源稀少的人心力不足以应付很多事情,从而在复杂事情的处理上会显得力不从心或愚笨。Mani 等（2013）对新泽西州一个购物中心的消费者进行了一系列实验。研究者要求参与者想象自己遭遇若干个特定的经济事件,例如,花钱修车,对这些经济事件,根据支出分为"简单"或"困难"两个等级,例如,修车要花费 150 美元或 1500 美元,参与者需要思考应对方法。随后,参与者将接受瑞文标准推理测验①与空间协调性测试：前者检验逻辑思维和解决新问题的能力,后者则检验认知控制力。研究发现,在遭遇简单

---

① 瑞文标准推理测验（Raven's Standard Progressive Matrices, SPM）,由英国心理学家瑞文（J. C. Raven）于 1938 年创制。瑞文标准推理测验按逐步增加难度的顺序分成 A、B、C、D、E 五组,每组都有一定的主题,题目的类型略有不同。A 组主要测知觉辨别力,图形比较、图形想象力等；B 组主要测类同比较、图形组合等；C 组主要测比较推理和图形组合；D 组主要测系列关系、图形套合、比拟等；E 组主要测互换、交错等抽象推理能力。测验通过评价被测者这些思维活动来研究其智力活动能力。

事件时，高收入和低收入的参与者在两项实验中的表现相仿；但在遭遇困难事件时，低收入的参与者认知能力显著下降，而高收入者能够保持原有的表现。Mani 等（2013）所研究的认知能力和收入水平的相关性，另一种解释是反过来：因为某一个人群的认知能力较强，使得其在现实中的收入较高。

不仅都市中的上班族如此，务农的农民也是如此。Mani 等（2013）还测试了印度甘蔗种植区 54 个村落中 464 位蔗农在丰收前后的认知能力变化。蔗农在收成前承受着巨大的经济压力，与收成之后相比，他们典当物品的概率更高，也更可能借贷。在这种状况下，蔗农在认知测试中的表现并不怎么好。但当丰收之后，收入到手，他们的认知能力便得到了显著提高。

"手中有粮，心中不慌"，表达的是农民的聪明程度与手里是否有粮有关。农民在收获之前的认知表现，往往比收获之后的认知表现差，而且这些差异不大可能是时间、营养、工作是否努力及压力方面的差异带来的。当一个人日子不好过时，他往往会专注于"不好过"这个事实，没有能力考虑其他的事情，包括如何解决"不好过"这个问题。鉴于此，在农村推进各项政策、宣传农业信息等项目的计划，应该放在五谷丰登之后。

稀缺心态很难摆脱

即便人们暂时摆脱了这种稀缺状态，即给拥有"稀缺头脑模式"的穷人一笔钱，或者给拖延症患者一些时间，他们还会被这种"稀缺头脑模式"纠缠很久，失去认知能力和执行控制力，变得更加愚笨和冲动，而无法变得富足和高效。Sendhil Mullainathan[①]七岁从印度移民美国，很快就如鱼得水，哈佛大学毕业后在麻省理工学院任教经济学，获"麦克阿瑟天才奖"后被返聘为哈佛大学终身教授。而立之年就几乎拥有一切，他觉得唯一缺少的就是时间，脑袋里总有不同的计划，想把自己分成几份去执行"多任务"，结果却常常陷入过分承诺、无法兑现的泥潭。一般人遇到这个问题，会去找各种时间管理"圣经"反复研读，但 Sendhil Mullainathan 发现他本人

---

① Sendhil Mullainathan，哈佛大学经济学教授，与他人合著了《稀缺》一书。

和穷人的焦虑类似：穷人缺少金钱，他缺少时间，两者内在的一致性在于，即便给穷人一笔钱，给拖延症者一些时间，摆脱了稀缺状态，他们也会被"稀缺头脑模式"纠缠很久，无法很好地利用这些资源。因此，新富人很容易把钱又全部赔回去，其实是思维习惯的问题。

反观现实，很多颇有成就的人年轻的时候，家境都不错，大多算得上如今的中产阶级。毛泽东的父亲是个生意人，在当地也算个小地主。周恩来的祖上是师爷，较普通人家更殷实。聂华苓的父亲是清朝的秀才，常与友人在家吟诗唱诗，打小受这种环境熏陶的她，长大后自然而然地写出了上佳作品。

适当稀缺会让人珍惜所有

时间表排得过满，不是好计划。过度紧张就会使得人专注于当下必须完成的工作，预测不到未来可能发生的事情。适当的紧张有助于人们珍惜所有的资源。当稀缺俘获大脑时，人们的注意力会集中在紧急的事情上，并将其他事物排除在外。Shah 等（2012）要求人对处于不同环境下的同一个物品定价，这时有钱人会对物品给出不同的定价，他们的判断会受到所处环境的影响，而穷人则给出了更加统一的价格。穷人对所支付的金钱有着更加清晰的认识，他们不会为环境所动，而是会依赖于自身对金钱价值的内化衡量尺度作出判断。

《菜根谭》[①]说人不适合忙，"身不适忙，而忙于闲暇之时，亦可儆惕惰气；心不可放，而放于收摄之后，亦可鼓畅天机"。只有存在余闲，人们才不会全神贯注于迫切的截止日期上，才会去关注那些重要但并不紧急的任务。

---

① 《菜根谭》是明朝还初道人洪应明收集编著的一部论述修养、人生、处世、出世的语录集。

男性衰落还是女性崛起

桃桃感冒了，妈妈带着她去医院。

在抽血排队时，一个六岁左右的小男孩拒绝打针，他妈妈劝了多次，也无济于事。万般无奈，人高马大的爸爸只能抓住小男孩准备去采血，可是小男孩用尽全身的力气反抗；在护士的帮助下，方按住小男孩完成采血。

妈妈看到等候在一旁的桃桃被吓得一脸惊愕。

妈妈："桃桃咳嗽还发烧，难受不难受？"

桃桃："难受。"

妈妈："那想不想好啊，不再生病啊？"

桃桃："想。"

妈妈："一会护士姐姐需要扎一下你的手指，找一下有没有细菌在捣乱。找到细菌后，把它们杀死，你的病就好了。护士姐姐采血的时候，你会感觉有一只小蚊子咬了一下你，你是一个勇敢的孩子哦！"

桃桃："桃桃不怕。"

说完后，护士走过来给桃桃采血。当针扎下去时，桃桃疼得掉了眼泪，却还是抿着嘴没有哭出来。

无所惧

> 妇女能顶半边天。
> ——毛泽东

举贤不避亲，对比见过的孩子，桃桃是最能坚持的一个小姑娘了，特别是相对于小男孩，桃桃更是表现出了女性身上特有的韧劲。

女性崛起

男性曾经以具有冒险精神、敢于竞争而在金融界备受青睐。但现在，由男性主导的金融业最近发生的巨大灾难让人反思：这种优势和他们的体力优势应该一同逐渐被现代经济模式淘汰。在美国大衰退中遭受失业困扰的800万人中，有3/4是男性。受打击最沉重的都是具有男性气质的行业，如建筑业、制造业和高端金融业。这种景象是传统性别图示的生动反映：男性和市场的关系是非理性和情绪化的，而女性和市场的关系是冷静和稳健的。

哈姆雷特感叹道："弱者，你的名字是女人（frailty, the name is woman）。"这是莎士比亚的悲剧《哈姆雷特》剧中主角哈姆雷特因感叹父亲过世不久，母亲便改嫁给叔父而说出的独白。后人常借此来描绘女性是脆弱、无能、需要被保护的形象，使女性难以摆脱"弱者"的标签。在传统的社会习俗中，人们常常希望"头胎生子"。现如今，随着女性经济权力的提高，在一些想象不到的地方，如韩国、中国等这些非常严谨的父系社会体系中，一些家庭不再强烈地偏好儿子，也不再对长子有着强烈的偏爱。

转身看世界，各行各业的大舞台上，涌现出越来越多优秀女性的身影。文理并重的南京大学几乎每一年的毕业生中，女性都占大多数。笔者所在的学院也刚刚上任了一位女性院长，前几日去开会，还欣赏了一位在美国某大学商学院做院长的女教授的风采。在第三世界国家，女性能够获得更多挣脱贫穷的机会。在孟加拉、墨西哥等地设立的"乡村银行"，贷款给妇女的创业基金的创业成功率远高于男性，且还款率几乎为100%，令传统银行大为惊讶。联合国仿此模式在中国天津推行的贷款，甚至排除了男性的参与。

女性崛起的原因是所处的经济形势发生了变化，从一种制造型经济过渡到了服务型经济。这两种经济模式要求十分不相同的技能，服务型经济不再依赖于参与者的个头和力量，而这些因素在制造型经济模式中显然帮助了男性；服务型经济需要人投入的是智力：能够集中精力、开放地交流、倾听别人，而这些使女性可以做得更好。

男性衰落

2016年，笔者参与了所工作的学院接受推免免试研究生录取的组织工作。来自于全国各高校的优秀本科生经过了一轮轮笔试和面试的筛选，最后，进入拟录取名单中的，多数为女生。在面试一位男同学时，问他："在大学期间为什么没有参加社团活动及科研项目的训练？"这位男同学幽幽地对答道："我要十二分努力地学习，否则就失掉保研资格了。"话毕，但见他欲言又止，最终又添了一句："我是所在班级男生中的第一名！"

无论在学业还是在职场上，当女性显示出咄咄逼人的势头时，男性却面临着危机：学业成绩下降、社交技能匮乏、沉迷于虚拟世界。一个原因可能是，相对僵硬的课程设置，以及女老师占大多数的现状，都导致男孩们在学校表现不佳。菲利普·津巴多从社会交往的角度，将男性衰落背后的原因解释为：在社会交往中，相对于陪伴女性，男性更愿意和男性做伴。发达的虚拟世界，让男性以更低的成本在虚拟世界中找到所需的陪伴，从而放弃现实世界的社交，减弱了奋发向上的动力，并使得自己同时成了婚恋市场和职场的弱势群体。另外，在学校期间的男孩的学习成绩整体低于女孩，主要的原因是女性教师提供的教导方式，偏向于死记硬背和机械化的测试，对于释放男孩的探索精神和创造力产生了抑制作用。这也使男孩在接触更具互动水平的游戏后，变得对学习毫无兴趣，深度沉溺于游戏。

职场中的男性依然受欢迎

即便女性在学业方面的表现相对出众，企业还是试图去雇佣男性职员，原因是职场保持了男性化的僵化结构。以金融行业为例，金融领域对于从业者的受教育程度要求很高，从目前的情况来看，优秀的大学毕业生中女性占比和男性相当，在很多金融公司的面试中，女性和男性没有差别，甚至有时还更有优势。因此，在刚入职的前几年，从分析师到经理的阶段，女性员工的占比甚至高于男性。

但差别出现在更高的职位晋升上。比如，从投行的经理级别开始，女性升职人数明显减少，很多女性都开始在这一阶段流失出去。而从副总裁晋升到执行总经理的阶段中，女性所花时间要比男性多28%左右，差不多要多花一年以上，这是女性最大的升职瓶颈，大部分人在这一阶段都维持不下去或者流失了。"金融行业的压力非常大，比如每周可能要工作60至100小时。这样的工作强度在头几年的时候，女性可能受得了，但随着之后家庭压力的增大，很多职场女性可能就无法承受了。"[1]

另外，缺乏弹性的工作制度不利于职场母亲。为家庭而请假的男性在工作中会受到更为严厉的惩罚，甚至短时间的请假都会导致更低的工作评价和更少的奖励。而如果男性因为其他男性化的事情而请假，比如，度假或者马拉松训练，工作表现和奖励就不会受到影响。

从社会文化角度，中西方对不同性别的人在职场和家庭生活中所扮演的角色默认的设置不同。在西方文化主导的家庭生活情景中，男性多会配合妻子和孩子的活动安排，陪伴自己的家人是非常重要的活动之一，并且，父亲也会以参与到孩子的点滴成长过程中为荣。

据笔者对中西方文化中男性所扮演的角色的观察，相对于在西方文化背景中，在东方文化背景中，男性可以把更多的时间和精力分配到职场中，而女性不得不留出更多的时间和精力在家庭生活中。笔者有一位女性朋友，她和先生均在高校工作，均需要面临着

---

[1] 用大数据解决女性职场竞争力，第一财经周刊，https://sanwen8.cn/p/2d09SdL.html［2016-11-24］。

较大的科研、教学压力。在抚育小朋友的过程中,如果她需要出差,离家一段时间,需要把孩子留给孩子爸爸照顾时,此时,孩子的外公外婆会深感内疚,特意电话给孩子爸爸说带孩子辛苦了;她常常会想,可能周围的家人均认为,她单独照顾孩子是应该的,而孩子爸爸单独照顾孩子却是额外的付出。

现代科技对男性自我塑造过程的影响,会潜移默化地影响男性在商业竞争中的决策行为。那么,自古以来,占尽社会优势的男性如何适应新时期下和女性的开放性竞争?并且对自己的地位产生新的接受和认同?借用西蒙娜·德·波伏娃[①]《第二性》中的一句话来作答:女性不是生就的,女性是造就的。其实,这句话何尝不适用于男性?

---

① 西蒙娜·德·波伏娃(Simone de Beauvoir,1908年1月9日—1986年4月14日),法国著名存在主义作家,女权运动的创始人之一。

第三篇

暗黑决策也有光明一面

| 偏见有时是好事 |

中国国际航空公司的空中月刊《中国之翼》提示旅客,在访问伦敦有些"印巴人聚集区和黑人聚集区"时要多加小心。

这条刊登在杂志上的小贴士经英国媒体报道后引起了轩然大波。伦敦《标准晚报》将其称为是"种族主义风暴",有代表少数族裔聚集区的伦敦议员也表达了不满。[1]

---

[1] 《环球时报》驻英国特约记者纪双城,《环球时报》记者范凌志,2016年9月9日。

讨论专栏文章

> 非我族类，其心必异。
> ——《左传·成公四年》

大脑新皮层只能熟记约150人的详细社会交往信息，这决定了一个真正相互亲近的族群的人数只有150人左右，超出越多，族群就越容易分裂，分裂之后，就出现了"我群"和"他群"。于是，大脑就会飞快地帮人类形成第一印象，根据过去的知识和经验，对新的事情分类，这种偏见帮助我们融入环境，透过经验累积才能在一无所知的基础之上作出一些推测，并进一步作出决定，这无疑节省了时间，增加了生存的可能性。

偏见是进化的产物

最快分辨的两个类别就是自己所属的组和不属于的组，当我们看到另一个族群的面孔时，首先注意到的就是种族和性别，而不是个人特征；但若是看到自己种族的面孔时，就会更多地关注个人细节。在多数中国人眼里，美国人等同于"白皮肤、蓝眼睛、高鼻子"，非洲人就是"全身黝黑，一口白牙"。可是，同时，我们忽视了其他组里面存在的个体差别，而加重了我们组与其他组之间的区别。人类天性又是对"我群"袒护，对"他群"歧视：在资源短缺的情况下，保证"我群"在生存竞争中获胜，从而增加"我"的基因的传递机会。

人偏爱自己创造出的事物。不管人类创造的是什么，只要是自己想出来的，就很容易自信地以为它一定比别人的类似主意更有用、更重要。这一偏见法则的副作用是：如果不是"我"创造的论文新想法，那就没有什么价值，拒稿或者要求作者修改后重新投稿。但是，有偏见的教授总持有"论文总是自己的好"的积极心态，不管怎样，这可以激励教授把自己关在不见天日的办公室，夜以继日、成年累月地进行单调乏味的艰苦工作,并引导教授无怨无悔地坚持自己的,或者他们认为是自己的信念和创意。

夸大与他人的差异令人自我感觉良好

在社交中,个体往往将自己归属于某一群体并强调和夸大自己所属群体与他人群体的差异,使得群体内的相似度最高而群体间的差异最大,由此获得积极的自我评价并提升自尊。在社会差序格局下,人们自然党同伐异:对于越亲密的人越偏袒,对于越陌生的人越歧视。

"你们城里人真会玩"说的是:缺少了宗族社会中浓重的血缘和地缘关系,城市人常常感觉周围的人是陌生的、难以深入交流的。所以,城市人会特别偏重于寻找趣缘群体,而微信、豆瓣兴趣小组等加快了城市人寻找趣缘群体的速度,也就加大了趣缘群体党同伐异的可能性。

为了掩盖党同伐异的浅薄行为,人类发明了一种自欺欺人的口号——"对事不对人"。然而,只要稍微琢磨一下就能看出来,"对事不对人"的真相,是实在记不住自己批评过的那么多人。一旦能够记住,那就会和人类正常的心理一样,对人不对事。

"我群"和"他群"中的决策行为不同

"亚洲疾病"(Tversky et al., 1981)说想象美国正在准备应对一场不寻常的亚洲疾病的暴发,预计可能导致 600 人死亡,情景一中有两个选择:

A. 200 人将得到挽救;

B. 1/3 的概率即 600 人都得到挽救,2/3 的概率即无人幸免。

大部分参与者选择 A。

或者,情景二中有另外两个选择:

C. 400 人将死去;

D. 1/3 的概率即 600 人都得到挽救,2/3 的概率即无人幸免。

大部分参与者选择 D。

在积极描述的情景一中，参与者是风险规避的；在消极描述的情景二中，参与者是风险偏好的。Wang 等（1995）为了探究群体规模大小对风险偏好的影响，在积极描述的情景一中，共设置 5 组实验，群体规模分别为 6 人、60 人、120 人、600 人和 6000 人，均为陌生人。实验结果显示，群体规模为 600 人和 6000 人时，大部分参与者选择 A，表现为风险规避；群体规模为 6 人和 60 人时，大部分参与者选择 B，表现为风险偏好；群体规模为 120 人时，选择 A 和 B 的人数约各占一半。

而在消极描述的情景二中，也设置 5 组实验，群体规模同样分别为 6 人、60 人、120 人、600 人和 6000 人，均为陌生人。研究发现，无论群体规模多大，大多数参与者都选择 D。这些人都是陌生人，没有亲属关系，为何参与者要选择和他们一起"同生共死"？Wang 等（1995）未明确说明，在笔者看来，也许是共情心——想想自己处于他人的境地，会发现那些令自己都厌恶的行为，同样令他人厌恶，促使了这一偏好的产生。

为了进一步探究存在亲属关系的小规模群体（6 人）对风险偏好的影响，Wang 等（1995）让参与者参与情景一和情景二中的决策，结果发现，多数参与者均在情景一种选择 B，在情景二种选择 D。也就是说，存在亲属关系的小规模群体无论是在积极描述的情景一中，还是在消极描述的情景二中，均表现为风险偏好。

这是因为有亲属关系的小群体有助于人们去思考，这些人是自己的朋友、家人，希望大家有同样的概率同生共死，而不是只有一部分人总是生，而另一部分人总是亡。

人类本性里讨厌与自己不同的东西，因为不同的东西有一定危险，大脑早早就学会直接快速地分辨出某项事物是属于我们还是属于他们，用不着经过理性判断。婴儿时期的人类就懂得分辨他人行为的好坏，区分你我而形成偏见。Bloom（2000）以六个月大的婴儿做实验，拿分别喜欢豆子和全麦饼干的两个玩偶让他们选择，小婴儿通常较喜欢和自己有同样口味的玩偶，而且看到另一组玩偶被自己喜欢的玩偶欺负时，还会很开心。

让偏见者对"外群体"的特征和行为感同身受可消除偏见

毕飞宇的《推拿》使普通人对盲人世界有了更多感性的理解；电影《蓝宇》和《喜宴》使大众对同性恋有了更高的包容度。苏明娟[①]的大眼睛激励普通人对缺少教育资源的孩子捐赠更多金钱；100万人的死亡是统计数据，一个人死亡则是悲剧，叙利亚难民小孩尸体的照片让人心碎，这种"感人的情节"在慈善宣传、劝捐中屡试不爽。

《法华经》：佛平等说。如一味雨，随众生性，所受不同。其实，不苛求"众生平等"，持有一点点偏见，能够让我们生活、竞争得更好些。

[①] 苏明娟（1983— ），安徽金寨县人，其一张手握铅笔头、两只直视前方对求知充满渴望的大眼睛的照片是希望工程的宣传标志。

嫉妒也有美德

法国小伙杰罗姆在法语教学视频中用"老干妈"辣酱蘸面包吃,好莱坞明星奥兰多·布鲁姆曾穿着中国"飞跃"牌球鞋亮相位于曼哈顿的"纽约,我爱你"片场,百雀羚成出访伴手礼……近年来,当中国人在全球疯狂"买买买"之时,一些国产商品也漂洋过海,走进外国人的日常生活。那些曾经被我们无视的国货,正在低调而迅速地抢占国外市场,在国外刮起一阵中国风。[1]

---

[1] 外国人点赞的中国商品为何墙内花开墙外香, http://economy.gmw.cn/2016-07/04/content_20818078.htm [2016-10-01]。

墙内开花墙外香

> 故木秀于林，风必摧之；堆出于岸，流必湍之；
> 行高于人，众必非之。
> ——（魏）李康：《运命论》

但丁的《神曲》描述人生而有七宗罪——**饕餮**、贪婪、纵欲、懒惰、嫉妒、骄傲、愤怒。其中，嫉妒（envy）源自拉丁语 invidere，是指不怀好意地、斜着眼睛瞄他人，是七宗罪中唯一直接对他人产生危害的情绪。

嫉妒是对自己没有的事物的渴望，而妒忌（jealousy）是因为在某方面输给了别人。该隐因为兄弟亚伯被神宠爱而杀害了他，庞涓因为孙膑的才干而设计陷害使他致残，都是因为嫉妒。项羽嫉贤妒能，他对有功者害之、贤者疑之。尽管屠呦呦的研究成果显著，但她在原地受到嫉妒和冷落，而当成果被外界得知时，就马上引起震惊和轰动，令屠呦呦"墙内开花墙外香"。这是因为对"墙内"而言，由于相互之间利益联系的密切程度要高，所以"墙内"的"花"更容易受到"墙内"各方的嫉妒；但对"墙外"而言，距离较远，相互之间利益联系的密切程度就低，"墙外"对"墙内"的"花"仅会产生善意的嫉妒。

每个人都有一种夙敌叫"别人家的孩子"：他们不玩游戏，长得好看，嫁得好，工作好！升级版的"别人家的孩子"却是：游戏玩得好，长得好看，不怎么学习，但成绩好到爆……"别人家的……"归根到底表达了一种说话人对自身情况的不满，隐含着"将自身与别人家相比，人优我劣"的意思，但它通常只作为一种价值判断，而非事实判断。

不当嫉妒导致怨恨

当嫉妒遇到了爱情时，这两种最为感人心智的感情会创造出虚幻的意象，并且足以蛊惑人心。对于男性来说，他需要选择一个具有生育能力和意愿的女性，而年轻和美貌可以作为女性生育能力的指标；同样，对于女性来说，她需要选择一个能够持续提供资源给家庭的男性，以便保证自己和孩子的存活，而男性的地位和资源也有助于实现她的梦想。

只选对了配偶还不够，人们还需要看护好自己的伴侣，防止半路杀出个程咬金，把自己辛辛苦苦争取过来的另一半给抢走。而看护伴侣的前提，就是要预防那些有能力通过"坑蒙拐骗"把自己伴侣带走的人。因此，有钱有势、身强力壮的男性会让别的男性吃醋，而年轻美貌的女性则会招致其他女性的嫉妒。"掩袖工谗"说的就是，楚王的魏美人是因夫人郑袖的嫉妒而丧命。

嫉妒会过度消耗心理资源

Ainsworth 等（2014）让一组参与者观看某个既有钱又有魅力的同龄人的报道，另一组参与者不观看这类报道，随后所有的参与者都被要求参加具有一些困难的文字解谜测验。研究发现，与没有观看某个既有钱又有魅力的同龄人报道的控制组相比，被唤起嫉妒情感的参与者更快地放弃了解题。

为防止嫉妒对社会的瓦解，人类社会演化出来各种制度——"面子""产权制度"，来应对"嫉妒"的消极一面。来自东方智慧的"面子"和来自西方理念的"产权制度"，殊途同归地应对着"嫉妒"对人类进化历程的破坏度。

即便是"不恰当的比较"导致的嫉妒情感，也并非一无是处。达尔文说："物竞天择，适者生存。"进一步，理查德·道金斯[①]说相互竞争的不一定是物种，还可以是个体或者基因，生存也不一定是指个体或物种的存亡，还可以是基因的延续，从而提出了"自私的基因"，并举出了大量的动物行为，生动地描述了基因如何通过博弈不断建立更为完善的生存策略，说明基因是如何面对生存竞争的。

---

① 理查德·道金斯（Richard Dawkins，1941年3月26日— ），英国演化生物学家、动物行为学家和科普作家，英国皇家科学院院士，牛津大学教授，代表作为《自私的基因》。

资源竞争中嫉妒可能有助于自我增强竞争力

在原始社会中,人类用以生存和繁衍的资源有限,交际范围小,而能否成功地获取这些资源,并不简单地取决于个体表现如何,同时也跟竞争对手的表现有关。通过比较而导致的彼此嫉妒,一方面人们可以确定与竞争对手相比自己获得重要资源的胜算是多是少;另一方面,他们可以根据竞争对手的相对强弱评估自己应该作出多大程度的努力,从而避免不必要的投入浪费。

在现代社会中,资源相对充足,地域限制也较弱,竞争具有了更多开放性的特质,即使自己的竞争对手落难了,也不一定会给自己带来太大收益,因为自己所处的竞争圈子里还有更多其他竞争对手,即使所处圈子里的竞争对手都被消灭了,圈子外的竞争对手还是会盯上自己。另外,社会中人员的流动性越来越大,自己所认为的竞争对手很可能某一天和自己没有直接竞争关系了,也就是说,嫉妒了大半年,突然发现人家不跟自己玩了。

因此,在一个资源相对充足、地域范围较为宽广的环境中,已然没有了产生嫉妒的温床,也无所谓嫉妒所带来的竞争力的提升了。

嫉妒令头脑运转高效

Hill 等(2011)研究了回忆过去的嫉妒经历对人的影响,发现嫉妒让人的头脑更高效、敏锐,对嫉妒过的人和事有更深刻的记忆。首先,为了分析嫉妒经历对人的影响,将参与者分为两组,要求第一组学生写下一些嫉妒他人的经历;第二组作为控制组。随后,两组学生要阅读一些由研究人员虚构的采访报道:一些谎称与参与者同校的学生在采访中回答了一些有关学习和目标等问题,但并没有说可能会引发嫉妒的话;并且每名参与者会观看两位与自己性别相同的虚构的"同学"资料。与控制组相比,第一组学生花了更多时间阅读采访报道,事后也能回忆起更多采访者的细节。其次,分析最近的嫉妒经历对人的影响。让参与者观看一组伪造的同性"同学"的报纸采访和照片,"同学"中既有长相出众、开宝马的富二代,也有长相普通、开着破车靠拿奖学金上学的普通人。参与者看完这些人的资料后，研究人员询问参与者的感受，并测量他们阅读每个采访对象花费的时间。意料之中，那些让人嫉妒的"同学"吸引了参与者更多的注意，参与者也能记起更多关于他们的细节。

上述研究工作中的结论，也许是因为实验组中的参与者被调动起了回忆和思考的积极性，从而对采访的细节记得更多。若控制组中的参与者也被要求写一些中性的材料，进而对比两组中的参与者的决策，预期的研究结论会更有说服力。另外，在分析最近的"嫉妒"经历对人的影响时，如果参与者都是拥有中等水平的财富，以及颜值也处于中等水平，那么，他们对长相出众并且开着宝马的富二代"同学"印象深刻，可能不足以说明嫉妒心理的影响，另外一种解释是，只是富二代"同学"不同于其他大多数人，从而比较引人注目。设想一下，如果参与者观看的采访包括富二代开着豪车上学，普通同学骑着自行车上学，还有山区的孩子要翻山越岭地步行上学，那么，参与者对于山区孩子的关注度不会亚于富二代，这是因为参与者的注意力更多地集中于那些与他们不同的人。

害怕被嫉妒促使人们增强自己的亲社会性

人倾向于贬低令自己嫉妒的人，不愿意跟他们交朋友。相比表现相似的同伴，人与表现优秀的同伴会保持更远的物理距离和心理距离。但是作为被嫉妒的对象，却可以主动表达亲社会行为，缓解嫉妒的负面作用。俗话说"阎王好见，小鬼难缠"，越是芝麻大的官，越是烦人；越是大官，则越是和蔼可亲，平易近人。这是因为遭人嫉妒之后，人都会善待嫉妒者："带他出去美餐一顿"作为一种重要的因应策略，从而产生了竞争中的"合作"。

嫉妒虽然不懂得休息，会无尽地消耗掉人们宝贵的心理资源，但是，漫长的人类进化过程中依然保留着"嫉妒的基因"，这有助于人们集中精力、增强自身竞争优势，并随时保持一定的亲社会性。

|"装"得其所|

德瓦尔（2014）说，一只黑猩猩若要在所属的群体中处于相对优势地位，需要适当地"装"：黑猩猩头目耶罗恩的毛都耸立着，体格比其他个体都显得硕大，即使在他不卖力进行那些威胁性武力炫示的时候也是如此；另外，他走路的时候总是迈着一种缓慢、稳重而且夸张的步伐，以引起其他黑猩猩的敬畏。这使人产生一种天真的设想，即黑猩猩的社会是由"强者为王"的法则所支配的。然而，它并不比群落内第二大成年雄黑猩猩鲁伊特强壮到哪里去，只是处在拥有权力的位置上这一事实，会使其在身躯上给人以深刻印象——当它被打败了，毛就立刻会耷拉下来。

黑猩猩群中的头目

>佛是金装，人是衣装，世人眼孔浅的多，
>　　　　　　　　只有皮相，没有骨相。
>　　　　　　　——（明）冯梦龙:《醒世恒言》

凡成功的人都会有一种让你知道他成功的眼神和姿态。人们对"装"乐此不疲。"装"能够让人产生一种权力幻觉，让身处充满竞争压力的社群中的人，特别是那些经济和政治地位较低的人感觉好一些，帮助他们建立一种相对来说比较高的群体地位。与黑猩猩相比，虽然人类无法通过耸立汗毛传递欲望、地位和品位，但是人类用来"装"的装备更多。

最易采纳的"装"备是服饰

《左传》记载："中国有礼仪之大，故称夏；有服章之美，故称华。"董仲舒向汉武帝提议，新王朝一定要"改正朔、易服色，以顺天命而已"。辛亥革命最为成功的一点就是中山装的推行。抛除外部强加的政治含义，服装以一种外部信号方式来显示身份、地位和品位。Slepian 等（2015）认为，要想成为一个在工作中富有创意的人，就应该穿得正式一些。研究者让参与者在认知测试前穿上正式或休闲服装，结果发现，穿着正装能够增强人的抽象思维能力——这是创造力和长期战略规划所需要的能力。

最令人上瘾的"装"备是权力

权力是一个人所拥有的支配他人的力量。有权力的人掌握了稀缺资源，因而可以通过控制稀缺资源来控制权力小的人。权力也许不能让人无敌，但却可以让人觉得自己无敌。

2005 年，马克·赫德被惠普公司从一家科技公司挖角，成为惠普公司的首席执行官，在他的管理下，惠普的笔记本和台式机销量均处于行业领先地位，收益节节攀升，股价翻倍。马克·赫德享受着首席执行官的奢华待遇。2008年，马克·赫德的年收入为2500万美元。他和妻子还可以使用公司的飞机，公司甚至为他报销使用飞机涉及的打车费。对马克·赫德来说，当首席执行官的感觉很好……直到他遇到乔迪·费舍尔。作为公司首席执行官，马克·赫德习惯于得到他想要的一切，他疯狂地追求乔迪·费舍尔，指定乔迪·费舍尔主持惠普公司的各种活动。尽管乔迪·费舍尔表示拒绝，他仍旧坚持不懈。他坚持邀请乔迪·费舍尔吃各种豪华大餐，尽管这与惠普毫无关系，但所有的费用却都记在惠普账上。之后，惠普公司得知马克·赫德习惯于用公司的钱吃喝玩乐。由于马克·赫德没有清楚地报告这些花销，2010年他被惠普辞退。对马克·赫德来说，当首席执行官的感觉很好……直到不好之前。

是什么让马克·赫德这样肆意妄为呢？答案只有一个：权力。权力让人觉得自己无敌，这一想法使人大脑的左前叶更加活跃。人的行为多数是由两个大脑系统的交互作用决定的——抑制系统和兴奋系统。前者使人们规避负面结果，后者使人们追求正面结果。兴奋系统存在于大脑的左前叶，一旦人觉得有权力，这个区域便会被激活，正是这个区域使人采取行动达成自己想要的结果。

消费奢侈品是"装"

社会经济地位更低的人本能地体会到更多危机感，于是会采取超出自己能力的方式去消费昂贵的、炫耀性的商品，以此来寻求心理平衡。

Sivanathan等（2010）指出，那些自我评估低的人会想通过消费象征地位的商品（名车、名表、名包等）来消除自我危机感。他们召集了150名参与者，让这些人做了一个关于信心处理和汇总能力的测试（Allport，1924），然后告知部分得分排在倒数10%的参与者，于是这部分人感到极其受挫，自我价值受到了威胁。接下来，研究人员又告诉他们会做另一个无关调查，他们需要回答愿不愿意买某些奢侈品和普通物品等相关的问题。结果发现，相对于未处于危机之中的人，这部分自我价值处于危机之中的人更倾向于消费奢侈品，而面对普通物品时并未受影响。

最高段位的"装"是装文艺

从西祠胡同①到豆瓣网②，文艺青年们势不可挡的力量已然成为青年人群的重要特征之一：不知道爱情电影圭臬三部曲——《爱在黎明破晓前》《爱在日落黄昏时》《爱在午夜降临前》的人都不好意思出去社交，写两行酸句子就声称自己为诗人，能搞点绘画、摄影之类的就铆着劲儿要步入艺术家的行列。其实，大多数普通人的状态是：琴棋书画样样不通，格律搞不懂，对于莎士比亚的双行体更不知为何物。

为什么不管是不是真文艺，都要装一场呢？Clegg 等（2011）对 236 名视觉艺术家进行调查后发现，成就更高的男艺术家在情场上会更得意，而且更有可能采取短期的约会策略——因为他们身边围绕着的女子实在是太多了。Miller（2000）提出，艺术创造力最初是用来吸引异性而演化出来的。Nettle 等（2006）提出，精神分裂患者不少都具有相当惊人的创造力，其中很大一部分会成为艺术家或音乐家之类的，如此保证了他们能够择偶成功，这也是这些人的基因没有被人类淘汰掉的最大原因所在。既然有这样的好处，怎能怪小青年们一个个装疯卖傻地把自己搞得很文艺以求得更多异性关注呢？回想一下绘画和情史同样传奇的毕加索的一生吧，这个结论毫无违和感。

"装"能够改变人的精神状态

Cuddy 等（2012）提到，如果人从外表上作出积极的改变，这

---

① 西祠胡同（www.xici.net）是国内首创的网友"自行开版、自行管理、自行发展"的开放式社区平台，致力于为各地用户提供便捷的生活交流空间与本地生活服务平台。
② 豆瓣网（www.douban.com）是一个社区网站，由杨勃创立于 2005 年 3 月 6 日。该网站以"书影音"起家，提供关于书籍、电影、音乐等作品的信息。

将在很大程度上可以改变其内心状态乃至身体能力。Cuddy 招募了参与者做实验,这些参与者在一开始会被要求作出一些开放型或收缩型的动作:前一类如坐在椅子上把腿跷到办公桌上去、双臂打开、叉腰耸肩,这样显得强有力;后一类如双手夹在膝盖间坐着、屈身低头、手摸着缩起来的脖子,这样显得羸弱无力。让他们保持这个姿势数分钟后,再往下做一些任务测试及身体激素水平测试。

结果发现,前一类参与者中 86% 的人愿意参加一项赌博游戏,而后一类参与者中只有 60% 的人愿意参加;在反映力量和支配力的睾酮水平方面,前一类参与者的睾酮水平上升了 20%,后一类参与者的睾酮水平则下降了 25%;在反映压力水平的可的松水平方面,前一类参与者的可的松水平下降了 10%,后一类参与者的可的松水平则上升了 15%。

"装"可增加择偶机会

Sundie(2011)探讨了以名车消费为代表的炫耀性消费到底在两性博弈中起到了什么样的作用,他给出的结论是:部分男性就是在把买名车这种炫耀性消费当作一种性炫耀来展示,就像那些公孔雀需要一副华而不实的羽毛一样,这是性选择规律对他们的基本要求。对于女性而言,经济不景气的时期,女性会通过多购买口红之类的消费品来提升自己的外貌,以求得到更有钱伴侣的青睐,Sarah 等(2012)把这种现象定义为"口红效应":明明出身贫寒的女性,却愿意将大把大把的钱花在化妆品上,用来提高自己在婚姻市场中的竞争力。

虽然这类关于"装"的认识的发现多来自于小规模的实验室研究,还有待得到重复验证或在现实世界中进行,但不可否认的是,人的"装"会影响自己的精神面貌和身体状况。对于每个人而言,"装"的标准不是按照自己现在是什么样的人进行,而是要向自己想成为什么样的人的方向努力。只要人类文明继续发展,"装"会永久地持续下去。

接受暗黑的幸灾乐祸

启功自嘲

中学生，副教授。博不精，专不透。
名虽扬，实不够。高不成，低不就。
瘫趋左，派曾右。面虽圆，皮欠厚。
妻已亡，并无后。丧犹新，病照旧。
六十六，非不寿。八宝山，渐相凑。
计生平，谥曰陋。身与名，一齐臭。

笑对苦难的启功

> 每见吴下风俗恶薄,见朋友患难,虚言抚慰,曾无一毫实惠之加;甚则面是背非,幸灾乐祸,此吾平时所深恨者。
> ——(明)冯梦龙:《警世通言》

幸灾乐祸指人缺乏善意,在别人遇到灾祸时感到高兴。在钱钟书的《围城》①中,褚慎明看到情敌方鸿渐酒醉后呕吐的狼狈样子,幸灾乐祸,高兴得稀里哗啦。

敌意越强"幸灾乐祸"倾向也越强

依照伦理,幸灾乐祸是一种不道德行为。《左传》中记载:"秦饥,使乞籴于晋,晋人弗与。庆郑曰:背施无亲,幸灾不仁,贪爱不祥,怒邻不义,四德皆失,何以守国?"《颜氏家训》也说:"幸灾乐祸,陷身灭族之本也。"幸灾乐祸的英语 malicious joy,是邪恶快感的意思,德语 schadenfreude,是破坏(schaden)快乐(freude)。

在实践中,当敌意越强时,"幸灾乐祸"的倾向也就越强,而且这样往往更容易得到社会文化及自己所属群体的支持和欣赏。Combs 等(2009)发现,人们对政治对手所遭遇的失败,表现出更强烈的"幸灾乐祸"倾向。这种政治化的、强烈的"幸灾乐祸"心理,有可能会强化人们对自己政党的热爱,以及对其他政党的厌恶和鄙夷。

不同自恋类型的人对他人有着不同的幸灾乐祸

自恋有两种:浮夸型自恋——自我感觉良好,充满侵略性和支配欲;脆弱型自恋——自我感觉良好,但内心脆弱,缺乏安全感。

---

① 《围城》是钱钟书所著长篇小说。钱钟书(1910—1998),江苏无锡人,现代文学研究家、作家,字默存,号槐聚,曾用笔名中书君。

Krizan 等（2012）发现，两种自恋与嫉妒存在不同的关系，脆弱型自恋的倾向越高，越容易嫉妒。相反，浮夸型自恋的倾向越高，则越少嫉妒他人。他们要求参与者阅读一段关于某学生的采访，在一组中，这个学生被描述为外表有吸引力、成绩优秀、出生于上流社会。在另一组中，这个学生被描述为相貌平平、成绩一般、家庭财政紧张。之后参与者又阅读了一段材料，说刚才介绍的那个学生在一次考试中作弊被抓。结果显示，脆弱型自恋者更容易对这个学生的遭遇幸灾乐祸，而浮夸型自恋者则没有这种倾向。

生理层面上有三种关于幸灾乐祸程度的测量方法

第一，测量腹侧纹状体的激活程度。Takahashi 等（2009）发现，当参与者体会到目标人物在其自身的相关领域有优越表现时，会引发嫉妒和前扣带回（anterior cingulate cortex，ACC）的激活。接下来，当目标人物遭到厄运时，会引发幸灾乐祸和腹侧纹状体的激活，并且前扣带回激活的程度可以预测之后腹侧纹状体的激活程度。

第二，测量催产素水平。催产素水平高的人，在对手失败时更容易产生"幸灾乐祸"的情绪。相对于男性，女性的催产素较高，其积极的一面是，容易对别人产生共情心，消极的一面是，也容易对他人产生幸灾乐祸的情绪。Shamay-Tsoory 等（2009）发现，催产素与人类社会行为、情感、奖励有关，通过对人体内的激素水平进行操纵，发现参与者的幸灾乐祸的程度会受到显著影响。

第三，通过肌电图直接测量颧肌的运动。Cikara 等（2013）将参与者与一台可以检测肌动电流的机器相连，机器可以捕捉到他们微笑或者得到快感时的电流活动。他们被展示不同群组的照片，这些照片蕴含着研究者设想的象征关系：用老者象征同情，用学生象征骄傲，用吸毒者象征厌恶，用富有人士炫富的镜头象征嫉妒。随后，将这些照片与不同场景加以配对，如一个乐观的事件（抽中5元的奖金）、一个消极的事件（被驶过泥潭的出租车溅湿了衣服）、一个普通事件（上洗手间）。参与者被询问对于每组配对的感受，同时参与者的本能反应处于机器的监测之下。结果发现，参与者可以从他人的不幸中获得快感,尽管参与者不会主动报告。进一步,参与者更容易对其所嫉妒的人产生电流震动。研究人员还发现,当参与者被告知他们可以伤害别人时,可以观察到他们的脸上产生了似乎希望这件事真的可以发生的表情。

这个实验似乎对"人之初,性本善还是性本恶"给出了一个答案:人性本恶。然而,孟子又言:"恻隐之心,仁之端也。"强调的是人人都有共情心、人性本善。因此,关于人性本善还是本恶的话题,还将持续地被争辩下去。

幸灾乐祸有好处

幸灾乐祸虽然属于内心阴暗的一面,但是社会上利用幸灾乐祸心理的行为却依然盛行,从舞台上小丑的表演,到搞笑视频里摔得人仰马翻的人,再到马戏团里做着滑稽表演动作的狮子和老虎,人类都是在以别人的痛苦换取自己的愉悦。

为什么人类会如此冷酷或邪恶,将自己的快乐建立在他人痛苦的基础上呢?心理学的本质是维护自尊,而个体的自尊是通过社会比较产生的。当和自己能力、地位高的人比较的时候,会产生自卑、焦虑,所以会和不如自己的人比,这样自己的心理就会得到极大满足,从而内心得到一种补偿。

反过来,适当的自嘲也是运用幸灾乐祸的一种方式。用自嘲来拉低身段,博人们一笑,以换取更密切的交谈。也就是说,把自己曾经遭遇的不愉快经历讲出来,可以让大家乐乐,也是利用了对方潜意识里幸灾乐祸的心理。

社交网络的普及,使得各类长假如同一场"朋友圈杯"旅游摄影展,表达的是一种典型的朋友圈"共享信息"业态。在朋友圈中应该流露哪些方面的情绪呢?这个问题吸引了学者进行深入研究。Lin 等(2014)探究了脸书[①]的社交结构如何影响人们在网上的情绪流露,然后得出结论:社交网络密度越大,更多的脸书用户会流露

[①] 脸书(英文:Facebook)是美国的一个社交网络服务网站(www.facebook.com),于 2004 年 2 月 4 日上线,主要创始人为美国人马克·扎克伯格

出更为正面或负面的情感。而社交网络规模更大的用户,则会更多表达自己的正面情感。Liu等(2015)在分析了脸书的状态更新后,得出如下结论:朋友圈晒的幸福不是真幸福,人在社交媒体表达的情绪比在日记中记录的情绪更多。这或许可以被解释为在朋友圈发送信息的个体,具有很强的表达欲,目的是为了引发他人的关注,或通俗地理解是为自己刷存在感。从加强自己与他人间更密切的关系角度着想,应该在朋友圈里多晒负面的情感,从而更能引发他人的关注。

审视自己内心阴暗的一面,在深度认同、接纳不完美的人性的基础上学会宽容自己。唯有如此,人类才能有效地减少乃至避免幸灾乐祸,并在他人遭遇不幸时给予真正的理解和同情。

孤独也有力量

陈蓉教授："在上海生活的这段时间，能够和家人和朋友朝夕相处，少了很多孤独感。"

赢豫："你是动静皆宜之人。"

陈蓉教授："带两个女儿在美国，孩子上学、下学，我几乎都是在书房工作。大女儿疑惑道，'闲暇时间，妈妈为什么不像别人家的妈妈一样，出门参加各种社交活动。'我说，'网络上，有很多好看的视频、好玩的书；没有时间出门应酬。'"

赢豫："和你一起吃饭，大家和你都有很多话，餐桌气氛非常好。这些有趣的谈资多是平日阅读所得。"

陈蓉教授："我是生性喜欢热闹的人，喜欢和朋友餐聚，一个人去餐馆吃饭觉得很奇怪。不过，在大城市，独处的人越来越多。在上海的出租车上，看到一个节目'一人食'，讨论的是一个独居的人如何有品质地生活。"

一人食

> 世界是自己的，与他人毫无干系。
>
> ——杨绛

每个人都喜欢和朋友在一起享受快乐时光，需要一种由群体完成的仪式来表达内心的情感。人类是群体性最高的物种，希望和其他人发生社会性联系，希望得到他人的关注，希望和他人成为朋友。聚会和仪式之所以重要，不是强化精神或者"加持"物质，而是将二者相连，将外界的物质与我们心中所理解的世界结合起来。

孤独感令人产生恐惧

在原始社会，与他人建立联系对个人的生存无比重要，对群体的归属感也内化为一种心理需求。从群居狩猎的原始社会开始，被种群抛弃后独自一人就意味着受伤、挨饿的可能性增加，个体存活的概率大大降低，因此不得不大量进食，来确保自己有足够的能量维持生命。

这种对与社会失去联系的恐惧根植于大脑，并且不断延续。这种惩罚机制演变成流放，被流放的人的孤寂之心表达为："搔首向南荒，拭泪看北斗；何年赦书来，重饮洛阳酒？"

在现代社会，人们运用各种技术应对孤独感。手机虽然很早就有了自拍功能，但人的手臂无非就那么长，于是有了淘宝上最低只卖 10 元的自拍杆，这绝对是假装一群人在一起的拍照利器。深圳市大疆创新科技有限公司[①]生产的无人机空中拍摄设备，满足了一个人出行，旁若无人地从各个角度拍摄的终极欲望。到了互联网时代，延伸人类的社交能力，似乎已成为大势所趋。社交网络制造出

[①] 深圳市大疆创新科技有限公司，2006 年 11 月 6 日成立，经营范围为无人飞行器的研发和生产，公司的口号是"可能的未来"。

一种幻觉：有人陪伴，却无须付出友谊；彼此连接，也能互相隐身……在某种意义上，社交网络更像是"秀存在感"的舞台，朋友圈未处理的消息提醒变成了存在感的标志，人们可以在不需要真正友情的情况下体验被关心和陪伴的幻觉，借助技术找到和别人保持联系的感觉，并可以舒服地控制这种联系。

但是，微信启动页的画面是：一个男孩留下落寞的背影，远眺母星，这很难不令人联想到孤独。随着全球人口老龄化加速、出生率降低，"孤独"感将成为主流情感。在淘宝网上，玖妹被称作"卖晚安的姑娘"[1]：她在淘宝上卖"晚安"3年，卖出3000多条晚安短信，金额达3000多元。

孤独感有助于提高自我意识

一方面，没有任何一种感觉是纯粹消极、毫无存在价值的，即使是在痛苦、委屈、震怒等负面的情感体验背后，往往都有其存在的价值。孤独感使人对自我的觉察水平提升，更能够连接到深层自我，意识到自我价值。也就是说，孤独感会使个体更想充实自己，不管是从物质方面还是精神方面，这也许可以变成我们前进的动力，恰如王阳明[2]在《传习录》中所言："你未看此花时，此花与汝同归于寂；你既来看此花，则此花颜色一时明白起来，便知此花不在你心外。"

另一方面，与他人连接意味着自己需要给别人提供支持，这要求自己有时候来给自己充电，若没有休息，便无法做到这一点。笔者的一位学生说，父亲年轻时要当作家，常在半夜写作，而自己处在青春期时，写心情日记，也要在半夜，白天总是写不出东西。这是因为白天一直处在跟外界的联系中，夜里孤独起来，就有了思考

---

[1] 卖晚安的姑娘：三年卖出 3000 个"晚安"，广州日报，http://news.youth.cn/gn/201510/t20151003_7176472.htm［2015-10-03］。

[2] 王阳明（1472年10月31日—1529年1月9日），汉族，名守仁，字伯安，别号阳明。浙江绍兴府余姚县（今属宁波余姚）人，明代思想家、文学家、哲学家和军事家，陆王心学之集大成者。与孔子（儒学创始人）、孟子（儒学集大成者）、朱熹（理学集大成者）并称为孔、孟、朱、王。

的工夫。葛丽泰·嘉宝[①]是一个被贴上"alone"（孤单）标签的人，她不但在自己演过的电影里都设计了"I want to be alone"（我想一个人静静）的台词，在真实生活里也践行了这一点，终身未婚。

独处的人也能去餐馆消费

"孤独感"的存在可以推进社会进化，商家开始转换观念，为孤独感提供生存的环境。一个人吃饭，曾经被认为是一件凄凉的事，而现在大多数人不会再对此感到奇怪。观念转变背后，有其社会因素。"离婚率比以前高，人们结婚年龄也越来越大。这导致餐饮市场上增加了大量单身消费者，而这一群体通常不吝追求高品质的食物和生活。"

应对孤独消费者的需求，地球上可能没有比日本人做得更极致的了。京都大学食堂甚至在每个餐桌的座位之间都安上了隔板，这样互不认识的同学可以坐在一起吃饭而互不干扰。日本一家以卡通人物姆明为主题的餐厅还为顾客提供了额外的解决方案：在一个人的座位附近放上姆明娃娃"陪吃"。

荷兰阿姆斯特丹的专为"一个人"设计的餐厅 Eenmaal，是荷兰设计师 Marina van Goor 开设的期间限定餐厅，"Eenmaal"在荷兰语中有"一次"和"一餐"的意思。身为设计师的 Marina von Goor 思索着设计的意义，除了将美感带给人们之外，设计应该更为人心设想，因此孤独成了她的主题，她希望改变人们对于一个人吃饭的坏印象，让从未一个人上过餐馆的人可以勇敢尝鲜，体验一个人享用美食是多么刺激又美好的事。当然，也让平日我行我素的人有个去处，可以光明正大地独自用餐，不必承受其他餮客的异样眼光。在中国，《一人食：一个人也要好好吃饭》[②]的作者蔡雅妮表达的是：就算只有一个人吃饭，也不能马虎，不能将就。

"人是孤独的"和"人是社会性的动物"一点都不矛盾。当浮

---

① 葛丽泰·嘉宝（Greta Garbo/Greta Lovisa Gustafsson），1905 年 9 月 18 日生于瑞典斯德哥尔摩，美国影视演员，1955 年，葛丽泰·嘉宝获得第 27 届奥斯卡终身成就荣誉奖。
② 蔡雅妮：《一人食：一个人也要好好吃饭》，南京：江苏文艺出版社，2014 年。

华的喧闹过后，人的内心反倒尤为沉静，他们比任何时候都清楚，在盛大的喧嚣以后的人生将与过往截然不同，这一刻是与过去的认真告别，也是充满希冀的开始。其实人人都知道明天早上醒来一切还是一样，上班高峰的地铁还是会拥挤不堪，工作还是会摞成一堆。一个人开始认真思考问题，检视自身和社会，便开始了一个孤独者的苦难：发现他不能解释人类永不满足的欲望；发现他难以用语言描述自己的思想，而且对于概念和意义的追问是无穷尽的，是痛苦的。

刷脸有道理

坚决遏制"天价"片酬和明星炫富问题。指导行业协会联合大型影视公司抓紧制定抵制"天价"片酬的行业自律公约；指导相关行业协会就"注重影视作品思想价值和审美导向，优化影视制作成本结构"制定倡议书，加强对市场的引导。完善备案立项环节审核要求，及时制止片方盲目炒作明星、粉丝、网红的行为……[1]

---

[1] 中共国家新闻出版广电总局党组关于巡视整改情况的通报，中央纪委监察部网站，http://www.ccdi.gov.cn/yw/201608/t20160824_85787.html［2016-10-01］。

自拍杆的魅力

> 回眸一笑百媚生，六宫粉黛无颜色。
> ——（唐）白居易：《长恨歌》

询问学生的研究工作进展，她说近日到处转去了，研究都没有进展更新，终究是不好意思主动和我联系。挂了电话，随后，看到她微信的朋友圈中发布一个状态，字里行间中，她讪讪地道歉，各种笑脸、鬼脸。我猜有部分信息是给我看的。一时间，竟然也不觉得太令人懊恼。在《围城》中，方鸿渐看到机关办事员涂着指甲油懒洋洋地交割事宜，心想这职业本该手沾残墨而非指甲油。其实不然，在笔者看来，涂着指甲油再沾墨水的手，更是好看。因为不仅在娱乐圈，全民已经进入了一个看脸的世界！

美貌意味着占有较多资源

人对脸和具有脸部特征的视觉刺激有着超凡的敏感度，以至于常常在没有脸的地方看到一张张诡异的脸。"相由心生"说的就是人的面部特征与其性格和能力特质具有某种联系，因为相貌好看是携带了"好基因"的一个标志。在社会中有这种规律：一个地方的病菌和寄生虫越多，那里的人们就越以貌取人；还有一种解释是社会经济条件：孩子出生后营养摄取的质量水平和得到的健康照顾水平也会同时影响智商和容貌；最后一个原因则是"自我实现的预言"效应，当一个外表可爱的小孩被家长和陌生人一致认为能比普通小孩表现得更好时，他会得到一个更利于其成长的社会环境。

晕轮效应说的是如果一个人觉得另一个人某方面比较好，会倾向于认为这个人其他方面也比较好，反之亦然。

Satoshi（2011）发现，在英国即使控制了家庭背景、种族和身材等因素，漂亮小孩的智商也比一般小孩高12.4，并且丑陋的人智商更离散。我们记住的正好是相貌较差但智商高的人的形象,而那些处处都平均的人则容易被遗忘。

美貌让人受益

性格写在唇边,幸福露在眼角;表情有近来心境,眉宇是过往岁月。从帝王到普通人都属于外貌协会,李延年向汉武帝献歌道:"北方有佳人,绝世而独立;一顾倾人城,再顾倾人国;宁不知倾城与倾国?佳人难再得!"汉武帝叹息曰:"善!世岂有此人乎?"

在看重外表的娱乐圈中,美貌自然能得到利益。在意想不到的领域,美貌也能得到回报。有人为了在工作中变得更有竞争力,会进行整形手术。马云说他年轻时的梦想是去酒店做服务员,也梦想过当警察,统统因为外貌被拒绝,就是因为丑![1]通过自拍测试年龄的网站(How-old.net),迎合了人们的内心诉求:魔镜魔镜,谁是这个世界上最年轻貌美的人呢?

Sigall 等(1975)招募了 120 名参与者,对一名叫 Barbara Helm 的女性犯罪分子量刑定罪。通过实验设置,使 1/3 的参与者相信该犯罪者的外貌很有吸引力,另外 1/3 的参与者认为外貌毫无吸引力,剩余 1/3 的参与者则为对照组,即不知道相貌如何。然后,参与者被随机分为两组,分别被告知 Barbara Helm 两次犯罪严重程度相当的犯罪情景:一次是入室盗窃 2200 美元的财物;另一次是欺骗中产阶级单身汉,并诈骗其 2200 美元。调查发现,当犯罪行为与外貌无关的时候,参与者往往会对漂亮的犯罪者从宽处理;而当犯罪行为与外貌相关的时候,参与者就会将长得漂亮的人的罪定得更严重。

Ruffle 等(2010)将 5312 份成对的个人简历发送给相应的 2656 个招聘岗位。在成对的简历中,一份没有照片,另一份相同的简历包含一张有吸引力的照片或相貌平平的照片。结果发现,长相俊美的男性比没有照片或者长相一般的男性更有市场,但是长相漂亮的女性没有得到同样的优待。事实上,这些美貌的女性还不如不贴照

---

[1] 马云说月薪三四万最幸福,你还差多远,http://business.sohu.com/20160830/n466834835.shtml [2016-11-24]。

片，不贴照片得到回访的概率反而更大。Ruffle 等作出解释：对于美貌的女性的歧视，其实很可能是因为嫉妒，潜在的原因可能是公司人力资源部多是女性职员。

学者也是外貌党

自 1961 年世界自然基金会成立以来，毛茸茸、惹人爱的大熊猫就成为该基金会的标志。该基金会长期致力于保护这些可爱的动物，与此同时，很多其他相貌丑陋的动物则被忽视了。为佐证这一观察，Fleming 等（2016）整理了 14 248 篇关于澳大利亚 331 种哺乳动物的期刊文章、书籍和会议记录发现，有 73% 是关于有袋类哺乳动物的，如袋鼠和考拉；而占据哺乳动物 45% 的啮齿动物和蝙蝠只受到了 11% 的关注，并且对于这些长相丑陋的动物的研究多是停留在表面。丑陋动物保护协会的创始人 Simon Watt 不无担心地说，对这些丑陋动物的生态行为的研究，可能比对那些大众普遍认为值得保护的动物的研究更重要，比如，丑陋的蝙蝠可以消灭那些破坏庄稼或传播疾病的昆虫。

有魅力的人面对面交流效果比非见面交流要好

Smith 等（2009）找了 78 位心理学专业的学生作为实验对象，在这个实验中，参与者会被要求在不同的回合中作出决策，以便把一笔钱分成两份，一份给自己，另一份给合作者。参与者有两种选择：自己来分钱，但必须分为相等的两份；让合作者来分钱，而这个人有可能会将这笔钱更多地分给参与者。也就是说，通过信任合作者，参与者有可能会得到更多的钱。

衡量魅力水平的时候，研究者采取了两种方式：一种方式是参与者的自我评价，用 1~7 分给自己的长相打分（1 分代表一般，7 分代表有魅力）；另一种是他人评价，由一组 10 名与参与者无关的人员依照同样的标准给参与者打分。

实际上，这个合作者并不存在，研究者仅仅关心参与者在什么样的情况下会表现出对合作者更多的信任。在一些回合中，合作者会看到参与者的照片,其他回合则不会。实验结果显示,在他人评价中得分较高的参与者,当合作者能够看到自己的照片时,更倾向于信任合作者,会让合作者来分钱。

所有的青春男女都有三分姿色,《围城》中的机关办事员到了一定年纪,若不努力修炼,后果堪忧,因此,这时候腹有诗书气自华是对的。来来来,没有人有义务透过你邋遢的外表去发现优秀的内在,不管别人看不看,无论是用脂粉还是水墨,总要把自己打扮得好看一点。

第四篇

聪明的傻瓜决策

八卦促进合作

吕静杰:"我先生现在是你的校友了。"

嬴豫:"他前几年刚从复旦大学的 MBA 项目毕业,又到上海交通大学拿了个学位?"

吕静杰:"他从复旦大学毕业,在政府的项目孵化器部门工作一段时间后,希望做一番自己的事业。"

嬴豫:"做事业,需要人脉资源支撑;我们的本科都不是在上海读的,需要通过读书建立同学圈,传播自己的才华、可靠性和自己的个性。"

吕静杰:"古代科举考试体制下,有同年、同科、同党……现代高等教育体制下有同窗,期待他在更广阔的平台上寻觅到合适的创业伙伴,实现自己的梦想。"

八卦孕育合作

> 夫君子爱口，孔雀爱羽，虎豹爱爪，此皆所以治身法也。
> ——（汉）刘向：《说苑·杂言》

八卦是对不在场的第三方进行评价并分享信息的行为。人在社会走，总要有一双火眼金睛来识破那些能力不足的队友，找出靠谱的伙伴来同闯一个个难关。八卦所提供的信息有助于这一辨别过程：帮助大家分享群体中每个人的靠谱程度，从而更快更好地完成组队进行合作。因此，行走在社会中的人是要爱护自己的"江湖名声"的，大白话"爱惜自己的羽毛"，指的是人要珍惜自己的名声，约束自己的行为。

儿童擅长八卦

八卦并非成人专利，儿童也很擅长八卦。Engelmann 等（2016）招募了一批 3 岁和 5 岁的孩子玩一个共享游戏。

玩家互相分享游戏代币，最终获得最多代币的玩家能够得到一份大礼物。每个孩子最初得到 3 盒代币，面对游戏中的对手——两个玩偶——当然，在两个玩偶背后操作的是两位实验人员。

在这两个玩偶中，玩偶 A 每轮都会按规定分给孩子 4 个代币，而一些孩子遇到的玩偶 B 每轮只会分出 1 个代币，另一些孩子遇到的玩偶 B 每轮却会分出 7 个代币。三轮分享游戏之后，两个玩偶撤出，实验者邀请一个"同伙"——一个与刚玩过游戏的参与者同年龄、同性别，而且事先接受过游戏规则训练的孩子——进入实验室假装要玩游戏。实验者借口时间不够，当着参与者的面告诉"同伙"：由于时间不够，你只能选一个玩偶来玩这个游戏了。随后便找借口离开房间，这时，房间里只有这两个孩子。

身为实验者"同伙"的孩子试图从参与者那里获取一些关于选择那个玩偶的信息，如果参与者只给出了建议，比如，"和玩偶 A

玩"，研究者会将这一行为编码为"分享社会信息"；而如果参与者不但分享了这种信息，还给出了一些评价，比如，"和玩偶A玩，因为玩偶B是个不守规矩的小气鬼！"那么研究者会记下：八卦出现了。

研究发现，3岁和5岁的儿童能够有效地分享社会信息，帮助新来的"同伙"选择会给更多游戏代币的玩偶。但是，5岁孩子比3岁孩子普遍更倾向于对自己的言论提供合理化的解释和证据，也就是说更愿意去八卦，这是因为5岁的孩子不再满足于仅仅给出同伴一个干巴巴的结论，而是倾向于解释自己得出这个结论的原因。

八卦促进合作

人与人尤其是与陌生人之间的合作，是一种间接互惠的行为。在小联有困难时，小杰帮助了小联，这件事被小红知道了；当小杰遇到困难时，小红会来帮助小杰，即使小红之前从来没有得到过小杰的帮助。其中的道理是，主动帮助他人而建立起来的口碑和声誉机制促进了人们的合作，那么合作的进化必然与人类语言存在着密切联系，而八卦的主要载体之一是语言。

当自己情不自禁地要八卦时，可以先去想想，这样的八卦行为如果是对他人或者自己日后选择靠谱队友进行合作有利的话，那么就可以问心无愧但说无妨了！

为了研究八卦是否促进合作，Feinberg等（2012）邀请了近400名参与者，在实验者的指导下玩如下游戏：

第一步，抽角色牌，确定扮演投资者、被投资者还是观察者。

第二步，投资者有初始点数10点，可以选择0～10任意多点投资给被投资者。

第三步，被投资者获得的点数立刻乘以3，并可以选择0～30任意多点返还给投资者。

第四步，游戏分两轮，每一轮中都会有3个投资者为被投资者投资。

第五步，观察者可以看见每一轮中点数流动的情况，并且可以把第一轮的情况告诉第二轮的3个投资者。

实验按照这个规则进行，可是在做完第一轮之后就结束了。所谓的"第二轮"根本不存在，并且所有的角色牌也只有一种角色，那就是被投资者，投资者的决策由实验者在后台操作。实验者只是想看看在这种可能被观察员八卦的情况下，被投资者会不会更加注意自己的行为，返还给投资者更多收益。为了对照，研究人员还设置了另外两种情况：一种是虽然有观察员，但不许传八卦；另一种则没有观察员这个角色。

不出所料，在八卦组中，投资者获得了更多的收益，平均达到了 39 点，统计上显著高于平均只有 35 点的另外两个非八卦组。

在另一个实验中，参与者这次被暗中安排只能抽到"观察者"身份。所有的观察者都会遇到把自己全部财产倾囊相送的投资者，以及一个一分钱也不归还的被投资者。看到这种行为，他们可以选择告诉或者不告诉下一个投资者。大约 90% 的观察者坚持将这个被投资者的八卦传达给下一位投资者，即使他们知道八卦对游戏最终的结果不会产生任何影响。

潜在被八卦也能促进合作

Yoeli 等（2013）与美国加利福尼亚州一家公共电力公司合作开展了一项电力用户"需求反馈计划"活动。由于在用电高峰期电力供应的成本会成倍增加，而每度电的价格是固定的，那么必然会存在用户高峰期过度用电的情况。该计划试图通过电力需求反馈来减少过度用电，从而更加合理有效地分配电力。

研究者邀请了 15 个加利福尼亚州屋主协会参与该需求反馈计划，并通过志愿者将邀请用户参与反馈的邀请函投递到公共社区信箱，这些社区信箱大多是共享的。实验对象被分为可观测组和匿名组，区别在于可观测组公开参与住户的姓名和单元号，匿名组的名单上则只有代码而没有个人身份信息。研究发现，可观测组中参与者参与该计划的概率是匿名组的近 3 倍。

另外，这种可观测性在个人关系和声誉拥有更大影响力的群体中发挥了更大的作用。参与者为公寓楼住户和房主的参与度较高，但是对独栋联排住户和租客参与者均无显著影响。这是因为公寓楼中的住户相比独栋联排住宅里的住户，他们与邻居的接触更多，所以个人名声会有更大的影响力。

八卦虽然能促进合作，可是无论怎么说，人们可能还是无法抹去脑海中七大姑、八大姨的形象，古语更言"闲谈莫论人非！"在广泛的经济活动中，纯粹人为的社会监督是靠不住的，透明的诚信体系总有一天会代替暗中的八卦绯闻。

延迟享受有回报

一对小兄妹到南京玩,餐间,东道主赢豫和小哥哥闲聊。

赢豫:"有妹妹有什么好处?"

郭嘉楷:"和妹妹发生争执,总要忍下去,因为妹妹小,需要谦让于她。"

赢豫:"忍下去有什么好处?"

郭嘉楷:"这让我从小学会宽容、增加抗压力,长大后,在工作岗位,偶尔受到来自于老板或同事的不公平对待,而感到委屈,也能够自我消解了。"

赢豫:"为了将来更好地发展,能够忍耐当下的不便。"

郭嘉楷:"我同学说,有妹妹的好处是,长大后,自己不用照顾父母,推给妹妹就可,这是不孝顺的。"

小哥哥长在香港,能具有满满的儒家情怀,我们为他和他的父母感到骄傲!

兄妹情

> 明日复明日，明日何其多？我生待明日，万事成蹉跎。
> ——（明）钱福：《明日歌》

朋友说，一天都没有处理学术论文，在处理各种电话和碎片信息中时间就滑过了，很是纠结于自我的管理。即便如此自律、聪明、勤奋的大教授也面临着无法抵抗的"当下就要"的诱惑。

多少人列出的兴趣爱好，其实都是自己计划从事的，而不是真正从事的。多少人在书柜上摆放着《时间简史》《道德情操论》，而窝在床上读的却都是简短易懂的随笔和小说，或者是网上的碎片信息。也就是说，当被要求立刻选择出一些材料阅读时，人们往往会选择轻松的信息，但是，当被要求选出一些书籍供以后观看时，人们的选择则体现了内心较为高雅的一面，或者说至少体现了人们真正的阅读品位。

偏爱即时满足乃人之本性

此时此刻的情感的力量远大于远期的尚未感知的情感。习惯将任务不断延后，从而换得此时此刻轻松的人，并不会因为预知到未来的痛苦就能完全克服这一弱点。因为在任何时间点上，当下的快乐都比未来的痛苦更能支配人的行为。

当下享受，或是拖延努力投入，用类似于银行利率的概念刻画，是指人的时间偏好，即在跨期选择中，消费个体是否表现出某种程度的没有耐心；或者说时间贴现因子很高，这个因子反映了个人愿意放弃多少现期消费来增加一定量的未来消费；或是个人愿意放弃多少未来努力投入来换取当期的努力投入。

食物价格上涨实际上有益于那些对零食的自控力较差的人。与缺乏耐心的人相比，相对更有耐心的人总体身心健康水平更好些，健康活动的限制更少些,吃的零食更少些,上个月酗酒次数更少些,信用卡欠款更少些,也更可能有健康保险。

当下就要的力量还表现为:赌博、打麻将、吸毒等。在南京大学鼓楼校区内的何应钦公馆,入口处的地名是"斗鸡闸",可以佐证,中国人好赌也豪赌,从斗鸡走狗玩蟋蟀,到猜拳打牌码长城,就连梁启超也有"只有读书可以忘记打牌,只有打牌可以忘记读书"的名言。

人们之所以要及时行乐,是因为某些时候这会给人带来好处。Atkinson等(1968)解释说,年轻人喜欢及时行乐,或者为了婚礼和蜜月花掉大量积蓄,可以在老年时回忆起年轻时候的美好时光而获得快乐,年轻时的易耗消费仿佛变成了某种意义上的耐久消费。这样的话,提早消费不仅仅是冲动的选择,而且是理性衡量的结果。

现代社会纵容人们即刻享受

人是变得越来越有计划,还是越来越随意?为了满足有些人"世界那么大,我想去看看"的需求,Priceline[①]提供了即刻下单服务——消费者可以通过手机App实时查询酒店、机票等信息,并即刻下单即可使用。由此看来,人类的行为是越来越随意了。

网购成瘾是无法延迟享受的表现。人们无法延迟满足自己的需要,冲动立即变成行动,从这个角度来说,网购为无法抑制自己冲动的人提供了最大的便利,只需要轻点鼠标,琳琅满目的商品即可据为己有。电子商务公司提供包邮,或是当夜到达都是为了尽量缓解延迟满足的痛苦。我们相信,不远的将来,马云一定会为他背后的中国女性提供各种缓解"延迟满足"痛苦的良方。

相亲节目之所以那么多,是因为身边有越来越多的相恋多年、已婚多年的两人,最后却散伙了。这会让人产生一种感觉:沉没时间成本的大小似乎并不能保证今后婚姻的效用,那么试一试速配式立即享受的交往方式似乎也并无不妥。《非诚勿扰》为普通民众提

---

① 位于美国的提供售卖机票、酒店、租车服务等的销售商,网址为 www.priceline.com,其运作业务类似于携程网(www.ctrip.com)。

供了另一种形式的"现在就要"的满足感。参与的男女嘉宾可以在 30 分钟的时间内,决定是否要和对方牵手谈一场恋爱;观看的观众在品味人间百态的同时,可以"快餐"式地消费他人的感情决策过程。

有的人能够抵抗即时的满足

如果人们完全无法抵抗即时的满足,就无法解释所有需要耐心才能收获回报的人类行为,因为即时冲动随时会让你的忍耐功亏一篑。诱惑明明就在眼前,但有些人会为了远期更大的回报,进行强制的自我约束。阿诺德·施瓦辛格①14 岁就开始健身,为了追求完美的肌肉比例,从小就要忍受来自食物和各种娱乐活动的诱惑。饮食比例要严格控制,作息也必须极度规律。非同一般的自我约束力才成就了他荣耀的一生。

在艺术行业,一个艺术生要成为当红明星,需要从小培养各种艺术素养,长年累月地训练,用长达十几年的时间来换一个不是完全确定的享受结果。但是因为成为明星后的效用对他们来说足够大,所以依然有那么多人愿意钻进这个行业。同理,画家、运动员都是这样,一将功成万骨枯,效用够大,始终有人愿意延迟忍受。

佛教徒和运动员能够主动延迟享受。藏传佛教徒最高级的礼佛方式是:口念"啊嘛呢叭咪哞",并一路叩长头,只为寻求来世的回报。赢得职业网球运作项目的某项冠军之后,诺瓦克·德约科维奇②坐在墨尔本的更衣室里,只想做一件事情:尝一口巧克力。助理拿了一根巧克力棒给他,他掰下一块儿,小小的一块儿,丢进嘴里,让它在他的舌头上慢慢融化。

人与人之间的耐心存在差异。从身边的经验来看,教授比博士生更会攒钱,博士生比硕士生更会攒钱,可能的解释是:教育程度更高,自控力更强,更加具有耐心,也就更能抵制当下享受的诱惑

---

① 阿诺德·施瓦辛格,1947 年 7 月 30 日出生于奥地利,是美国男演员、健美运动员,曾任加利福尼亚州州长。
② 诺瓦克·德约科维奇(Novak Djokovic),1987 年 5 月 22 日出生于塞尔维亚,塞尔维亚职业网球运动员。2008 年,获得澳网冠军。2011 年,获得澳网、温网和美网冠军。2016 年,勇夺法网冠军,完成职业生涯全满贯。

和拖延努力投入的症状；也有部分内生的原因，一般而言，能够熬过晋升教授的终身制考核或者是博士生资格考核的人，不是随机地被指派去做教授、读博士，他们更愿意为了更大的成就承受巨大的压力和挑战，这本身就是一种自我选择。

能够主动延迟享受获得成功的可能性就大

沃尔特·米歇尔[①]运用延迟吃糖对孩子的影响——忍得住的孩子有更多糖吃，提出自我控制能力对获得成功的重要性。他发现，要想将来更成功，就要训练孩子控制欲望的能力。大脑成像检查发现，早年延迟满足能力强的人，大脑前额叶相对更为发达和活跃，而这个区域负责着人类最高级的思考活动。由此延伸出许多讨论：婴儿哭泣的时候，不要立刻抱；孩子要一个玩具，不要马上买。

Miller等（1976）认为，当孩子觉得"自己在掌控着延迟的过程"，即他可以随时停止延迟时，那么他主动延迟的时间会更长；相反，如果孩子发现"外人在控制延迟"，即自己是被动的，那么他的延迟时间会大幅缩短。最新的神经科学研究对此的解释是：被动感会激活愤怒情绪系统，进而干扰自控能力。

每个人对延迟享受的态度，取决于效用大小。延迟享受只是暂时的忍耐，最终还是为了享"乐"，这个"乐"可以是身体上的感受，也可以是心理上的满足感。当那些需要延迟才能获得的享受，对忍受者来说效用足够大并且已经有了可以参照的对象时，那么就会愿意忍受。

延迟享受的背后是"本我、自我、超我"的三方互博。"本我"是指潜意识形态下的思想，代表人最为原始的满足本能的欲望，如饥饿、生气、性欲等。本我遵循享乐至上，追求满足生理性的需求，同时避免痛苦。"自我"指人类意识的部分，自我遵循现实，抑制享乐原则。"自我"调节心中的思想和围绕个体的外在世界的思想之间的关系。而"超我"则扮演管制者的角色，追求完美，遵循道德。

[①] 沃尔特·米歇尔（Walter Mischel），1930年出生于维也纳，英国人格心理学家。他以在人格的结构、过程和发展、自我控制及人格差异等领域的研究而著名。

随大流的积极力量

赢豫："最近，和同事讨论为大一学生开设的新生研讨课'不确定性世界的决策行为'的授课形式，希望在第一次课的同学介绍环节，做些创新。"

徐花教授："我上的课程类型是面向所有学生选修的心理学素质课程。第一次课多是采用破冰的形式，让彼此陌生的学生尽快熟悉起来。"

赢豫："希望能够把破冰活动和决策行为结合在一起。"

徐花教授："可以考虑采用'大风吹'的游戏。有 N 个人，安排 $N-1$ 个座位，所有人围成一圈，坐下，其中，有一个人必须站着。由站着的人做主角，说'××（自己的名字）大风吹'，坐着的人回答：'吹什么？'站着的人说：'吹戴眼镜的人。'之后，凡是有次特征的人必须交换座位，与此同时，站着的人也要去抢一个位置。随后，未抢到座位的人做主角。依次类推。"

赢豫："这个游戏，一方面可以让同学走动起来，促进彼此的交流；另一方面，让大家体会一下，为什么站着会不舒服，而要费尽力气去抢位置。其中，可以讨论的行为是'从众行为'。"

顺流而去

> 槽床过竹春泉句，他日人云吾亦云。
> ——（金）蔡松年：《槽声同彦高赋》

笔者和朋友餐叙提及彼此爱读的书，均涉及人物传记，原因是要作出生活中大大小小的决策，个人所拥有的私人信息和知识常常是不足的，不过将各种传记中的私人信息集合起来，便成为最全面的信息。所以，基于阅读获得的人生体验所做的决策，通常比基于个人体验所做的决策来得好。

生活的经验也告诉我们，这么多人都在做同一件事，一定有他们的理由；这么一大群人一定掌握了一些我们所不知道的信息，所以跟着做总没错。

从众行为固化在人类身上

在原始部落中，和他人做一样的事有利于生存：一群人从背后超越你向前奔去，此时最好想都别想，跟着跑就对了！"深思熟虑"反而是致命的缺点：还没分析出他们为什么奔跑，你或许就已经丧命于野兽的利爪之下。若原本有序移动的人群会因为一个人的行动迟疑瞬间崩溃，导致局部人群压缩，踩踏就此发生。从众行为在潜意识层面起作用，这意味着很多人响应一个活动的时候并不清楚其行为改变的原因。

Festinger 等（1959）从社会比较的视角解释了从众行为：人类通过与他人的观点和能力进行比较来评价自己的观点与能力。Asch（1956）首次验证了从众行为，他设计了如下实验：每组 7 人，坐成一排，其中 6 人为事先安排好的实验合作者，只有 1 人为真正的参与者，实验者每次向大家出示两张卡片，其中一张画有标准线 X，另一张画有三条直线 A、B、C。X 的长度明显地与 A、B、C 三条直线中的一条等长。实验者要求参与者判断 X 线与 A、B、C 三条线中哪一条线等长。

实验者指明的顺序总是把真参与者安排在最后。第1、2次测试大家没有区别，第3~12次，前6名参与者按事先要求故意说错。这就形成了一种与事实不符的群体压力，可借此观察参与者的反应是否产生了从众行为。结果表明，只有1/4~1/3的参与者保持了独立性，没有产生过从众行为。

Asch曾经对实验作出一些改变，他想要看看线段长度差距需要多么明显，参与者才会终止跟风，坚持自己的所见。结果发现，就算两条线段相差18厘米，当多数人"认为"它们长度相等的时候，还是有人愿意服从这个错误的答案。

Asch（1956）通过在不同时代、不同文化背景下开展的实验，还观察到在强调个性的西方国家，从众倾向相对较弱；而在将集体利益置于个体利益之上的东方国家和非洲地区，从众的倾向较为显著。通过对比历次数据还能够发现，自从1956年的Asch的首次实验至今，参与者产生从众行为的趋势正在逐渐减弱，但并没有完全消失。

在Asch的关于从众的一系列实验中，大部分参与者被群体压力带偏，最终没有坚持自己认为正确的答案，或者是因为答案的正确与否对参与者个人利益没有直接影响。如果说出正确答案会有额外的奖励，说不定坚持自己认为正确的观点的参与者会多一些。

智力层面的从众行为让人变傻

从众行为不仅发生在简单的躯体运动领域，也会扩展到智力行为领域。朋友又谈到喜欢看的电视剧，像纸牌屋等个个都是烧脑的；而相比较而言，偶像剧里的女主角总是像脑子里缺根弦似的，恐怕看多了也会变得跟她们一样"笨"呢! 看什么像什么——心理学家的话不是空穴来风，常看节奏缓慢的连续剧可能会影响人正常的思维能力。这种现象是"从众行为"，也就是"近朱者赤,近墨者黑"：人们的态度和行为逐渐接近参照群体或参照人员的态度和行为的过程，是个体在潜移默化中对外部环境的一种不自觉的调适。

让参与者在阅读以"愚笨的小流氓"为主角的简短剧本后，这些人在常识测验中的成绩，会比那些阅读中性材料的参与者要差。与那些想象"超级模特"的参与者相比，想象一位"教授"的典型行为、生活方式和性格特质能让人在常识测验中的得分更高，这是因为考虑一般的教授形象时，参与者更容易去考虑自己和他们的共同点，比如，都上过大学。

如果想象的是"超级教授"爱因斯坦，那么得分反而较低，之所以会出现这种情况，是由于具体的范例，如爱因斯坦，不仅会启动人们脑海中关于"教授"的固有印象——聪明、睿智，也同样会促使人们拿自己和爱因斯坦相比较，然后得出"我其实也不怎么聪明"甚至是"相比于爱因斯坦，我真是太笨啦"这样的结论。

商家利用从众行为获利

通常在我们拿不定主意，而且情况又模糊不清时，我们最可能认定他人所采取的是正确的行动。而且越多人采取同一个行动，就越证明这个行动正确。正午，在人生地不熟的城市，有两间比邻而立的牛肉面店，其中一间客人络绎不绝，但仍有座位，另外一间除了穿着围裙的老板娘，一个客人都没有，此时前者通常是较好的选择。有些餐馆的工作人员会有意让客人缓缓进入，故意造成门前车水马龙的热闹情景。

金融从业人员如理财专家、理财顾问、保险业务员，在销售时喜欢使用"听起来"很专业的术语，如 α 值、β 值、夏普指数，来让顾客"误以为"他很专业、懂得很多，而顾客则什么都不懂，借此让顾客更容易顺从他的销售行为。诺迪克跑步机的广告设计，把鼓励消费者打电话的广告语"接线员正等待您的电话"改为"如果接线员很忙，请稍后再拨"，这一改变使呼叫中心热线被热切的顾客打爆，使得这一运动器材成为电视购物史上最畅销的产品之一。

连锁酒店由于宣称大部分客户都重复使用毛巾，让毛巾的重复使用率增加了26%，酒店也因此节省了清洗毛巾的费用。电子商务的产品介绍页面上加入用户评论功能，允许用户在购买商品前参考其他用户的评论，当潜在的用户在阅读产品评价和用户评论时，只要让他们认为这些评价和评论都是属实的,来自于真正使用过的消费者,那么这些评论就一定能影响他们作出购买决策,并且他们会认为自己的这一购买决策是比较正确和明智的。

大脑是为寿命较短、选择不多、视觅食和繁衍为首要任务的原始人类服务的,显然,如今的社会人所处的环境发生了天翻地覆的变化,时刻面临着海量的信息,随时需要作出选择。过多的选择已成为现代社会人的一种负担:选择意味着放弃其中的若干选项,而失去的感觉总是让人讨厌。当人没有足够的认知能力来处理所处环境中的所有信息,或者面临不是那么重要的抉择时,随大流未尝不是一个好主意。

运气有时可以赌

赢豫："拿运气来说，人们买彩票，是在赌好运发生；然而，人们买保险，却是在赌坏运气发生。人类进化过程之所以允许运气这一基因存留在人类身上，是由于那些看似随机的多个事件，却存在某些相关性，所以，赌运气符合人类的生存法则。"

周晶教授："看到媒体关于'一元购'的报道，某件价值千元的产品，消费者可以花费一元以一定概率获得这个产品。对于每个消费者而言，一元算不了什么，何不拿去赌个好运气？对商家而言，恰恰可利用消费者这样的心理，汇集众多消费者的一元之后，减去所售卖产品的成本，从而获利。"

赢豫："设计出这样的商业模式的人，对人性的弱点掌握得非常准确，可惜，他没有利用人性的弱点去做善事、正能量的事，反而去谋取利润。"

周晶教授："希望这门课程定位于如何帮助消费者克服人性的弱点，作出使其效用最大化的决策。"

赌一把

> 不入虎穴，焉得虎子。
> ——（南宋）范晔：《后汉书·班超传》

寺庙中开光的物件、本命年的幸运护身符、特别的衬衫或仪式行为，都是为了给人们以好运。具有这种倾向性，是因为人们不知不觉地遵从"因果世界观"，倾向于构建一些并不存在的因果关系。人们需要避免对规律的过度解读，坦然接受无规律。

人们偏爱井然有序

杂乱无章使人烦恼，然而整齐划一的事物——对称性、高对比度、圆滑的边缘、齐步走，都有一些视觉特征模式有规律地反复出现，使得人获得一种观赏流畅性。也就是说，人类大脑一直都很累，忙着加工外界的各种信息，如果此时突然间一道光出现，视觉进入整齐划一的画面，就意味着个体处在熟悉的环境中，一切尽在掌控之中，大脑加工起来特别轻松，得到充分休息的大脑自然能感受到世界的善意。

2015年年初，近藤麻理惠（Marie Kondo）提出了整理法则："现状"是"你拥有的每样东西都会被丢掉，除非你说得出它应该留下来的好理由"，而选择物品的基准是触碰时是否会怦然心动。她的书《怦然心动的人生整理魔法》在欧美和中国直冲畅销书排行榜，反映了不同文化背景下的人在"凌乱生活中寻求井然有序"的共同心愿。

瑞士艺术家Ursus Wehrli有一项天赋技能：将目之所及的东西重新打乱整理，使其获得艺术性的重生，并且他还在瑞士专利协会为他的整理艺术申请了专利。这种深度整理强迫症源于多纳尔·贝克雷尔[①]的一幅作品，他觉得画面上的小哥每天对着乱七八糟的红方块太惨了，于是决定帮他一把，把方块按顺序摆了起来，然后整个人都觉得舒畅多了。有了上面愉快的经历，Ursus Wehrli 开始仔细观察现代艺术，他觉得当代艺术实在是太混乱了，一点秩序都没有；于是，就开始了各种整理，然后有了《就是要整理：艺术》一书。

人们倾向于寻找事物发展的规律

人类天生具有在一系列序列中寻找规律的偏好，倾向于在事实上随机的情景里相信连胜或者连败。原始社会中的人类在野外觅食过程中，如果在一处发现一株野浆果林，这很好地证明在邻近的地点可能还存在另一片野浆果林，因为野浆果林往往是成片生长的。因此，这种倾向寻找规律的天性是一种进化适应性，为我们祖先在野外搜寻食物时提供了一种选择性优策略。

面对随机的事件，人人都希望能够成为不确定性世界中的理性决策者。人们也期望拥有某种运气能影响事情发生的状态。猴子也和人类一样，会无理由地相信连胜或者连败，认为事情存在某种规律。为了检验猴子是否相信运气，Blanchard 等（2014）创造了 3 种类型的游戏，其中两种有清晰的模式可循——正确的答案往往会在左侧或右侧重复进行，或者从左到右交替进行。当存在清晰模式时，研究中的 3 只猴子很快就猜对了正确的答案。但在随机情景里，猴子仿佛在期待"运气"。换句话说，即使奖励是随机发放的，猴子仍倾向于选择左或者右。

每个人天生就能对井然有序的事物感到"控制感"带来的愉悦。因为当原本不相干的事物有序地组织在一起，原本觉得不可能发生的事情发生，抑或在茫茫人海中偶遇老友的那一刻，我们在纷扰的世界中发现了秩序，紧张情绪得到了释放，心灵也得到了某种程度的慰藉。

在生活中并非任何序列都是有规律的，但是，人们依然会消耗

[①] 多纳尔·贝克雷尔（Donald Baechler），1956 年出生于美国哈特福德，美国绘画艺术家。

过多的资源在随机序列中寻找规律，这是一种很不明智的决策。在证券市场上，尽管股价的波动类似于在"随机漫步"，但是还是有成千上万的人花费大量的时间对股价的走势进行预测，对随机序列作出过度的解释。香港的"丁蟹效应"，说的是当港股波动行为超出了人们的理解和解释的范畴时，人们倾向于把其归咎于郑少秋带来的某种强烈影响，从而能够自我感觉合理地与这个经济世界相处。

对于规整序列的偏好表现为正近因和负近因效应

在一个抛掷硬币的游戏中，如果连续抛掷4次都是正面，那么在接下来的一次抛掷中会出现正面还是反面？答案有3种：A.正面；B.反面；C.正面和反面的概率相同。

由于硬币抛掷中出现的正反面两种结果之间是各自独立的，相关系数为0，因此正确答案是C。若人们选择A，表现出的是"热手谬误"，又称为正近因效应；若人们选择B，表现出的是"赌徒谬误"，又称为负近因效应。

在认知实践中，人们采用局部代表性启发法看待随机产生的序列。如果随机序列的局部连续出现某一种结果的次数太多，序列缺少变化性，这些局部序列中的结果之间看起来好像具有一种正相关关系，人们就会使用"小数法则"，将小样本中某事件的概率分布看作是总体分布，把整个序列看作是非随机的，会抓住问题的某个特征直接推断结果，而不考虑这种特征出现的真实概率及与特征有关的其他原因，从而在对结果作出预期时出现正近因效应。

同样，如果认为随机序列的局部连续出现某一种结果的次数太多，序列缺少变化性，与随机序列的原型不符，人们则会使用"小数法则"进行调节，保证两种结果的出现次数基本持平，使局部序列像随机序列原型一样，从而出现负近因效应。

局部代表性启发法的解释虽然具有合理性，但是它用一个原则来解释两种截然不同的现象是有局限的，没有解释清楚这种简单启发是如何对个体的认知进行具体调节，从而使个体出现正负近因效应的。

运气可以赌

Damisch 等（2010）进行了一项打高尔夫球测试，发现果岭上的部分参与者被告知他们打的是"幸运球"，这些人每打 10 杆就有 6.4 杆进洞，平均而言，进洞数要比没有被告知打的是"幸运球"的人多出 2 杆，也就是说，前者的成绩比后者高 35%。这样的结果让人们对如何看待运气有了新的见解，在人们本身可以影响事情结果时，相信自己有好运会对他们有帮助。

正所谓"好事一定发生在自己身上，坏事一定不会发生或是发生在他人身上"。运气可以赌的前提是，人们能够对事件产生积极影响。开光的物件、幸运的护身符等是在鼓励决策者积极应对挑战，适当规避风险，所以，这样的运气值得赌一把。但是对于像赌马这种场合，运气就无能为力了。退休的华尔街交易员 Dennis Canetty 穿了一身棕色西服，穿这套幸运的棕色西服是为了帮助其与他人合买的马"永远的盛宴"赢得第二轮比赛。两年前，Dennis Canetty 在普利克内斯大奖赛上就穿着这身衣服，当时其与他人合买的另一匹马"重振雄风"获得了第二名，赢得了 1 赔 40 的冷门大奖。Dennis Canetty 的幸运棕色西服真的能带来好运吗？结果是他的马"永远的盛宴"在比赛刚开始时就被撞到了，骑师 Channing Hill 从马上摔了下来。

坦然接受随机性的存在，建立适当的"概率世界观"，有利于人们作出理性决策。而好的运气之所以可以赌，是因为能够给人带来积极的心理暗示，或是朱阳教授所言的积极"自我催眠"，从而使得人采取积极的行动。

信则胜，不信则败

多官随至馆中，对行者拜伏于地道："我王特命臣等拜领妙剂。"

行者叫八戒取盒儿，揭开盖子，递与多官。

多官启问："此药何名？好见王回话。"

行者道："此名乌金丹。"

八戒二人暗中作笑道："锅灰拌的，怎么不是乌金！"

多官又问道："用何引子？"

行者道："药引儿两般都下得。有一般易取者，乃六物煎汤送下。"

多官问："是何六物？"

行者道："半空飞的老鸦屁，紧水负的鲤鱼尿，王母娘娘搽脸粉，老君炉里炼丹灰，玉皇戴破的头巾要三块，还要五根困龙须：六物煎汤送此药，你王忧病等时除。"[1]

---

[1] 吴承恩：《西游记·心主夜间修药物君王筵上论妖邪》，北京：人民文学出版社，1980年。

孙猴巧行医

> 有时能治愈，常常是缓解，总是去安慰。
> ——E. L. Trudeau

鲁迅的父亲在去世之前得重病，请郎中来看。郎中开出了一张把一对"蟋蟀"作为药引子的药方，并郑重其事地要求蟋蟀的婚姻状况为原配。这么玄乎的药引子虽没能让鲁迅的父亲起死回生，但是却被鲁迅记下来，写进文章里了。

药品安慰剂有助于人们调整到积极情绪状态

对药引子的苛刻可以造就一定的药效，它容易使服用者因为药物制作过程的复杂和神秘，对药物产生信服力，这种效应就是安慰剂效应：某种"实际上不合理"的东西通过人大脑皮层思维的检查，让人认为就是这样的，然后抚慰人的负面情绪，以调整到积极正面的情绪状态，最后对人的生活产生有益的影响。

很多医生承认自己在临床实践中经常性地给患者开出安慰剂，最常用的安慰剂是维生素片和止痛药，其次为生理盐水和糖丸。Beecher（1955）促使美国食品药品管理局作出规定：任何临床研究在不违背伦理的情况下，一定要尽力排除安慰剂效应，以获得真实特定的疗效判断。

在发达的现代医学背景中，临床上推荐使用安慰剂，有一个跨不过去的伦理难题，在特定治疗而非实验的情况下，不告知患者服用的是安慰剂，就违背了患者的知情权。但是，安慰剂效应的微妙之处在于，患者必须相信自己服用的是有特别效果的药物，而不是维生素片。一旦患者知晓服用的是维生素片，那就不太可能出现治疗效果。这个悖论让那些试图将安慰剂效应引入临床实践的研究者找不到两全之法，无法做到既诚实还要保住安慰剂效应。

药物高价格也能扮演安慰剂

被告知正在使用的是昂贵的药物常常会对患者产生更好的效果，甚至地域、医院的名气、医生的年龄也会对治疗的效果产生很大影响。这解释了为什么患者喜欢找年长的医生，尤其是"老中医"。换句话说，中药和中医之所以能有如此广阔的市场和受众，安慰剂效应可谓助了一臂之力。

感觉竟然也可充当安慰剂

有时候，吃什么并不重要，而是觉得自己吃了什么更重要。艾丽娅·克鲁姆让所有参与者都喝一种热量为 300 卡路里的法国奶昔。但是，实验者故意让其中一组人认为自己喝的奶昔有 620 卡路里的热量，而另一组人认为自己喝的是 140 卡路里无糖无脂肪的奶昔。不出所料，620 卡路里组的人喝了之后自我感觉饱足感更强。但出人意料的是，140 卡路里组的胃饥饿素[①]更加稳定，即喝奶昔前后没有较大变化。也就是说，你觉得自己吃了什么东西是会反映在生理指标上的。

取得伟大成就的人往往自我感觉上佳。在田径场上屡创佳绩的牙买加现役短跑运动员尤塞恩·博尔特[②]，以其放松而自信的比赛状态著称。极富个性又一贯天马行空的毛泽东，总会在关键时刻让政治对手领略"才饮长沙水，又食武昌鱼，万里长江横渡"的豪情。

经过几千年的自然淘汰，自我感觉上佳依然存在于人类身上，显然一定有它的道理。Johnson 和 Fowler（2011）利用一个数学模型进行计算机仿真，分析过度自信、精确自知和低度自信三者彼此对抗的长期结果，发现过度自信的人经常常是赢家，前提是战利品要比投入竞争的代价高出许多；而不带任何偏见、对自身作出精确评估的人，最后的表现往往最糟。这个结果并不令人意外，并且符合人类演化的逻辑。

---

① 胃饥饿素是一种使人感到饥饿的激素。
② 尤塞恩·博尔特（Usain Bolt），1986 年 8 月 21 日出生于牙买加特里洛尼，奥运会冠军，截止到 2016 年，是男子 100 米、200 米世界纪录保持者。

可以用人们是否开启免疫系统解释安慰剂效应

生活在食物非常难找的环境中的动物,如果它们忍受感染而不是启动免疫反应,可以活得更久。对于生活在非常有利环境中的动物而言,它们最好是启动免疫系统使自己可以更快地恢复健康。因为在更好的环境中,它们有更多的机会找到食物来为免疫反应的维持提供能量。同样,服用安慰剂的人体内产生免疫反应强度是未服用任何安慰剂人的 2 倍,一些特定的外界干预能够通过心理作用启动体内的免疫反应。

其背后的原因是,启动免疫系统反应的代价很大,一段时间内持续强烈的免疫反应有可能榨干生物体内的能量储备。换而言之,当遭受非致命的感染时,免疫系统将在接收到启动信号之后才开始工作,这样便使生物避免受能量枯竭方面的威胁。

不同于西医在药品的研发和使用过程中强调明确的药理过程,中医强调人身体的自身潜能,包括奇怪的药引子、针灸、古代的祝由术[1],都是被用来启动人体的免疫系统能力。

安慰剂效应也会带来坏处

每个硬币都有两面,安慰剂也不例外——既有天使效应,也偶尔会露出魔鬼的面孔。

首先,安慰剂效应会误导消费者行为。在谷歌的应用商店中,一款 3.99 美元的热门付费杀毒软件 Virus Shield[2],宣称拥有各种丰富的防护安全功能,在很短的时间内,至少有 3 万人次购买,而且各种好评如潮。但实际上,该软件只是用户的手机上安装了一个应用图标,软件运行后,除了把一个"×"变成"√"之外什么都没做,更别说杀毒了。如果你购买过这款应用软件,应该会收到谷歌的一封邮件,大意是返还的钱会在 14 天内到账,用户还可以获得 5 美元优惠券。

---

[1] 巫术在古代又被称为祝由之术,曾经是轩辕黄帝所赐的一个官名,当时能施行祝由之术的都是一些文化层次较高的人,他们都十分受人尊敬。
[2] Google(谷歌)Play 商店中 Virus Shield 付费用户将获赔偿,https://www.kzwr.com/article/86945 [2016-10-01]。

其次，安慰剂效应会导致反安慰剂效应。患者不相信治疗有效，令病情恶化。这个反安慰剂效应并不是由所服用的药物引起的，而是基于患者心理上对康复的期望。2011年，法国的疫苗制造商赛诺菲-巴斯德[①]的研究人员分析了 33 275 份疫苗副作用报告，发现患者如果已经患有副作用报告的某种特定疾病，那么他们在麻疹疫苗接种后，即使疫苗只含有不会造成这种疾病症状的蛋白质、糖、灭活病毒，患者依然会产生麻疹样皮疹。因此，反安慰剂效应具有"巨大的潜力"，会加剧患者的心理恐惧。

医者仁心，要想法利用安慰剂效应去安抚患者；商者诚心，要想法利用安慰剂效应去激励消费者的消费正能量。

---

① 赛诺菲-巴斯德（法文：Sanofi-Aventis）总部位于法国巴黎，是世界上第三大制药企业。

第五篇

行动的动机

从心上改

赢豫："您自己的研究方向定位是密切联系实际问题，这种风格是如何形成和保持的呢？"

张国庆教授："受导师影响。我的博士论文议题来自于实际问题，并且还发出了引用还不错的5篇SCI论文，从那时开始，就掌握了如何从实际问题中提炼出科学研究问题。"

赢豫："多思考研究工作能够为公司带来何种价值增值，公司会更感兴趣。"

张国庆教授："有道理。另一方面，研究工作要自己做得有乐趣，才会有长久的动力。我的一位在香港的熟人年收入千万，他说，真是搞不懂你们这些教授，一年那么点收入，还感觉到那么高兴和满足。"

赢豫："从古到今，知识分子的本色不改。《晋书》记载王欢安贫乐道，专精耽学，不营产业，尝丐食诵《诗》，虽家无斗储，意怡如也。"

苦中作乐

> 安贫乐道。
> ——（唐）房玄龄等：《晋书》

笔者去围观圣路易斯一年一度的热气球大赛，到了现场，方听到因为风速原因，点火升热气球仪式被取消。虽然如此，人已然到了现场，同行的朋友就开始围着没有气球的喷火器自娱自乐：各种形式的拍照、找乐子，方觉得不负原有计划。

人常常需应对认知失调

某年，和好友去东天目山，被导游带到某个新建的寺庙。一位庄严的大和尚自称是唐三藏西天取经路过此地所收留徒弟的第几代传人，一番讲经、洒水后，分别发给我们莲花灯、长明灯等，再让我们鱼贯通过一个房间。但见另一位僧人，他依据我们手持之物，说道："佛祖和你有缘，捐相应善款，我佛将为你和家人念经消灾。"随后补充道："即使是一分钱也好。"

毫无疑问，在经历了唐三藏徒弟的宗教洗礼之后，如果听到僧人之言，依然拒绝捐款，将会体验到不协调——连一分钱都不愿捐的人，是多么吝啬、对佛祖多么不敬！这样，我们先前拥有的理性便不复存在，纷纷捐款300~500元不等。待从寺庙出来，方才醒悟：唐三藏去西天取经的路线不经过东天目山！

在恋爱过程中，若男生向女生公开求爱，多是会被拒绝。一个女生本来具有一个认知——我喜欢这个男孩；若她在男孩公开表白时表示接受对方，她的认知会变为——我迫于压力喜欢这个男孩，这就暗示着一旦没有这个压力，你可能并不真的喜欢这个人。因而，她在压力之下喜欢一个男孩的认知会让这个女生推断出，她实际上在内心里并不喜欢对方。当公开表白这一外部原因足以解释接受对方的行为时，女生就不去考虑"我喜欢这个男生"的内部因素，反而会拒绝这个男生。

这是因为自我信念是人们所持有的最重要的认知，当行为或态度与自我认知不一致时，就会产生心理失调。Festinger 等（1959）把这种现象称为认知失调：人们需要在行为和想法之间重建一致关系，以消除"认知失调"造成的压力。而重建一致关系的途径只有两个：要么改变行为，要么改变想法。

绩效奖励不能过高

强化理论认为，人的态度是由赏罚决定的，人更喜欢给他带来更多酬赏的事物。认知失调却说，如果外部刺激不足以证明我们行为的合理性，我们会通过内部心理活动证明自己行为的合理性以减少失调；不足报酬或零报酬最后能导致个体对工作的极端喜爱，作出了牺牲的感觉会让个体更加喜欢这项工作。

这是因为如果奖赏过高，人的认知失调就会被外部调节因素（高奖赏）降低，人就不需要通过改变自己私下的真正想法以进行内部调节，可能的结果就是：人们在公开场合说一套，但私下仍然保持自己的想法，奖赏高出那个"恰好足以诱导遵从行为的点"越多，人们私下保持自己真实思想的程度也越强。

Festinger 等（1959）要求 3 组参与者把盘子里的螺丝钉枯燥地旋转 1 个小时，并要求 3 组中的两组参与者以自己刚刚完成的工作很有趣为论据，帮助实验员去说服等待室里的一组参与者参加实验。参与者完成这个撒谎任务后，一组参与者每人得到了 1 英镑，另一组每人得到了 20 英镑。研究发现，3 组学生中打最高分、认为工作有趣的，不是不需要撒谎的一组，也不是虽然需要撒谎但得到了可观的 20 英镑奖赏的那一组，而是需要撒谎只得到了 1 英镑的那一组。

对上述实验结果的解释是，虽然后两组参与者都因为对别人发表了与自己的个人经验所得出的知识相悖的意见，产生了"认知失调"，但得到 20 英镑奖励的外部因素调节的一组，因不需要内部的自我调节，在实验的最后调查环节仍能够保持自己的真实想法——旋转螺丝钉是枯燥的工作；而只得到了 1 英镑的一组，则因外部调节因素不足以驱除心理上的不适感，不得不进行内部自我调节——暗示自己其实转螺丝钉的活动也没那么讨厌，甚至可能还有人会劝慰自己，这也锻炼了自己的忍耐能力。

一些慈善机构把慈善作为一种商业经营活动，依据所获得的善款，抽取一定比例的费用。但是，一旦慈善涉及钱，很多人的慈善心就要打退堂鼓了。Devoe 等（2007）发现，将人群分为两组，一组参与者汇报自己的年薪，另一组人则计算自己的时薪。结果发现，相比前者，后者不太愿意为慈善组织提供志愿服务，因为一旦让人们意识到自己的时间是有价的，他们就更不愿意提供志愿服务了。

与红十字协会类似的抽层式善款管理方式，不仅伤害捐款者的"恻隐之心"，也会影响善款管理者的工作动机和努力程度。Gneezy 等（2013）将 180 名学生分成 3 组分别开展慈善募捐的实验。第一组义务募捐，第二组可获得募捐金额 1% 的奖励，第三组获得募捐金额 10% 的奖励。结果，募捐资金最多的是第一组学生，募捐资金总额排名第二的是第三组学生，募捐资金最少的是获得奖金 1% 的学生。第一组的学生唯一目的是行善和帮助他人，而后两组似乎忘记了初衷，把重点转移到自己能获得多少奖金上。第二组总额最少，可能是因为他们觉得获得奖金已向外界昭示他们募捐是为了钱，并且 1% 的奖励份额还让他们落得"见钱眼开"的坏名声，出于自我保护的经济打算，他们募捐自然缺乏动力。

应给学生较低课程分数

在学生修课过程中，学习成绩体现了一个学生的学习态度与学习成果，按照强化理论，学生会更喜欢给他带来更多酬劳的课程，即学生会更喜欢给分更高的老师与课程。但是，若奖励过高，会导致学生私下里并不是真的喜欢这些课程，而是把自己在课程上所做的努力归因为外部的高分数奖励。若一些课程需要学生付出很多时间、精力，还不一定能够得到满意的分数，那么，面对付出与得到，学生就会产生认知不协调，为了缓解这种不协调，学生就会赋予自己曾付出努力更多的意义，譬如，我之所以这么做，是因为我要真正地去学知识、理解未知的世界，而不是仅仅为了应付课程考试。

登台阶的促销方法有成效

登台阶法如下：提出小要求，等你答应后再提出大要求或真正的要求。例如，环保团体先问你认不认同他们的环保理念，如果认同的话，希望可以签名联署（小要求）；等你签名后，再问你如果你支持他们的活动和理念的话，要不要买一个环保纪念钥匙圈（大要求），这时你答应大要求的概率就会明显提升，之所以有这样的效果，是由自我认知所导致的。

也就是说，那些一开始接受小要求的人，他们觉察到自己接受了小要求，觉得自己是合作的、认同的，因此更有可能接受后来所提出的大要求。反过来，那些一开始就拒绝小要求的人，会因为觉察到自己拒绝了一开始的小要求，而觉得自己不认同这样的理念，因此更有可能拒绝之后的大要求。

因此，减轻认知失调是一种不自觉的、应对生活的原始策略。

决策的投名状

2016年3月，笔者打算把过去的8个月写的关于行为决策的随笔整理后出版。于是，邀请石玲和陈天水同学帮忙，开始校稿，认为把标点符号、词语搭配、参考文献格式、错别字等问题解决，书稿就可出版。

8月份，拿给胡奇英教授和苟清龙教授，预想他们会大致看一下，对书稿中的关键部分没有太大异议，就可以交稿给出版社了。不曾想，两位教授拿到书稿后，逐段审读其中的研究观点，指出多处行文逻辑不顺畅之处。虽然修改行文逻辑工作量巨大，也暂且忍下去了。

9月份，交稿给出版社，以为万事大吉了。严谨的朱丽娜编辑建议每篇文章中增加一些观点鲜明的标题，使得行文的逻辑更加清晰，也可提升读者的阅读体验。只得耐着性子，再去梳理每一篇中观点的逻辑。

10月份，完成朱丽娜编辑关于标题的建议，长舒一口气，以为万事大吉。不曾想，严谨的朱丽娜编辑建议每一篇文章中增加一个楔子，以使得所表述的研究观点更加接地气……

不进则退（朱颖弢）

> 投之亡地而后存，陷之死地然后生。
> ——（春秋）孙武：《孙子兵法》

在《水浒传》中，多数草莽英雄都是被"逼"上梁山的。其中，王伦要林冲拿一个人头来当见面礼。

王伦道："既然如此，你若真心入伙，把一个投名状来。"

林冲便道："小人颇识几字，乞纸笔来便写。"

朱贵笑道："教头你错了。但凡好汉们入伙，须要纳投名状，是教你下山去杀得一个人，将头献纳，他便无疑心，这个便谓之'投名状'。"

投名状类似于保证书，是人与人之间取得相互信任的一种契约——已投入的成本会显著影响之后的行为抉择。由于人们十分重视损失，想要努力回避损失，而不考虑沉没成本做决定就如同承认了损失，这在心理上往往是很难承受的，人们觉得"输不起"。与改变行为相比，人们宁愿维持现状，所谓人都有惯性和惰性，很多时候，只有在改变带来的获益远远高于维持现状，或者维持现状将超出忍耐极限时，才会作出符合现实情况的理性决策。

不主动交出"投名状"意味着短期关系

只有需要维持长期关系的人才需"投名状"。在南京有一家售卖糕团和早点的芳婆糕团店，口碑非常高。在节日期间，赢豫曾带着到访的亲友去品尝。进店堂吃，需要排队40分钟；在等待时，赢豫观察到现场制作黑糯米饭团的工人们，虽然知道总有络绎不绝的顾客到达，但是仍然快速、真材实料地制造饭团，其中，有一位工人专门负责用秤称量制造饭团的黑糯米是否够分量。只有通过烦琐的、不偷工减料的工艺流程，方保证了芳婆糕团店的长期声誉。

旅游胜地的流动小贩面对讨价还价的游客时，不需要投资大额的固定成本提升服务和产品的内在品质，只要东西看着光鲜就可。在电子商务网上，朝存夕亡的低价倾销店铺不需要投资建设百年老店，只需要"短、平、快"地赚此一时的利润就可，彼一时的事情按照"走一步算一步"的逻辑办。

不是主动地交出自己的"投名状"，而是主动地交出他人的"投名状"，也不会有助于建立一种长期关系。相对于北美和欧洲的男性，亚洲的男性表现出更愿意进行投资、更容易冒险的特质。创新需要冒险基因，这正是亚洲男性具有的优良品质，那么，为什么亚洲的创新力和发展水平不如北美呢？其中的原因可能是，亚洲男性在投资中所表现出的"投名状"，其中的风险承担者，除了本人还有其所属的家庭单元。家庭起到类似于"对冲风险软垫"的作用，使得"投名状"的效果大打折扣，从而也使得创新行动的质量大打折扣。

被动交出"投名状"后需被迫维持长期关系

主动交出"投名状"，是期望建立长期关系的强烈信号，但有时受限于行业特征，不得不交出"投名状"，从而陷入讨价还价的劣势地位。航空公司的固定成本高，并且顾客需求波动大，外界一个微小的恐怖事件、顾客数量的短时间流失都可能置小航空公司于死地。可以预见，随着全球恐怖事件的不断发生，航空业会进入更加频繁的兼并和重组阶段。当航空公司不得不以大额资金去购买飞机，在提交"投名状"后，为了对冲"投名状"的后遗症，采用了一群聪明的运作教授设计的收益管理、超售、神秘机票等方式，来应对不可测的市场需求，进而还有 priceline、hotwire[①]这类公司帮助航空公司做收益管理。

在一个周六，陈友华教授和龚锡挺教授计划搭乘国泰航空公司的飞机从美国返回中国香港，因为航空公司超额订出机票，地勤人员优先询问经济舱金卡会员是否愿意在给予一定补偿——400美元的现金补偿另加升舱优惠券的情况下，改签下一航班。陈友华教授

---

① 位于美国的售卖机票、酒店、租车服务等的销售商，网址为 www.hotwire.com，其运作业务类似于携程网（www.ctrip.com）。

作为被优先询问的人员之一，拒绝了航空公司的改签要求，因为他还需要和龚锡挺教授同行。待航空公司询问一轮之后，依然有座位不足的情况，这时先前询问过陈友华教授的地勤人员看到，陈友华教授和龚锡挺教授在一起，于是，再走上前并询问到，若两位可以同时改签，每人都可以获得一定的补偿。陈友华教授和龚锡挺教授思考了一下，觉得既可以同行，还可以多了些时间去商场购物，并且乘坐改签后的飞机，也不会耽误下周一的课程，就欣然接受了。

"道高一尺，魔高一丈"，顾客也被训练为"战略型"，学会了充分利用商家"投名状"的特征。在美国，一旦经济形势不好，很多学校就无法给学生提供参加学术会议的机票费用，聪明的秘书就会上网搜寻哪一家航空公司更容易出现超额订出机票的情况，在为学生订票后，学生有更大概率被拒绝正点登机，从而有更大概率获得机票补偿，甚至免费搭乘下一个航班。

被动交出"投名状"后，长期关系一旦不能得到维持，就容易产生冲突。研究型高校中的博士生培养，基础课程的训练需要在两年内完成，第一篇学术论文初稿更是需要一年的时间去构思和撰写。也就是说，新科博士生的第一篇学术论文至少需要3年的时间和精力，导师投入其中的机会成本更是巨大无比。为此，每当毕业的博士生主动选择进入工业界时，导师总是黯然神伤，大多承受不了前期投入的巨额亏损。

漫长的审稿周期是学者交出的"投名状"

学术期刊审稿周期越来越长，为了不打击日日苦写论文的研究者，降低投稿人等待漫长审稿流程所付出的"投名状"成本，各个期刊主编总是不断地宣称做了各种努力以缩短审稿流程。从"投名状"角度来看，太短的审稿流程意味着时间的机会成本很低，投稿人就更有可能提交低质量的论文，所以，主编大人不应该太过于强调和推行"如此快捷的审稿流程"。

石墨烯的发明者安德烈·海姆[①]提及他最为重要的学术论文投

---

① 安德烈·海姆（Andre Geim），1958年10月出生于俄罗斯，现任教于英国曼彻斯特大学。2000年获得搞笑诺贝尔奖，2010年获得诺贝尔物理学奖。

稿给《自然》时,第一次审稿被拒;修改后再投,又被拒,并且有一个审稿人说,文章没有产生足够的对科学的推动作用;随后,再修改,再投到《科学》,方被接受。越是高质量的期刊,越是不在乎审稿周期的长短和轮数——有足够数量的高质量工作论文供应,可以慢慢地精挑细选,最终也成就了高质量的期刊。

交了"投名状"的人,才要去维护一个长期关系。深夜,当在电视机前看一部电视剧,本来只是想看看它到底好看不好看,到头来,即使很不好看,也深陷日日追剧的生活节奏中,舍不得中间去看其他的电视节目。因为我们已经看了这么多集,所以最好继续看下去,看它的结局是什么……电视很清楚,一旦我们开始看它,就舍不得把它关掉,所以电视台经常增加电视剧的集数,还在每集中间插播广告。

耐用家电是婚姻生活中的"投名状"

越是稳定的家庭关系,家庭成员在采购家具和家电的决策中,越是倾向于购买使用寿命长久的家电。Foster 等(2014)跟踪记录了 138 个异性恋志愿者的情感生活,实验参与者的恋爱期为 0 ~ 36 个月不等,发现在由"第三者插足"形成的关系中,"承诺更少,满意度更低,投资更少"。也就是说,那些被插足者在后续的浪漫关系中给出了更少的承诺,表现出更低的满意度且给出更少的投资。与那些不是被挖墙脚、正常追到的人相比,他们在找"备胎"这件事上会显得更积极,并认为他们的备胎质量更高,这些人在关系中不忠的比率也更高。

沉没成本往往不可避免,需付出一些代价,才能提高自己的判断力。佛说,相爱的人,若不能长相守,就珍惜在一起的每一天吧,也意在教导众生,不要被沉没成本效应所左右,应积极调整,主动适应变化。

失去才会行动

三年，勾践闻吴王夫差日夜勒兵，且以报越，越欲先吴未发往伐之。范蠡谏曰："不可。臣闻兵者凶器也，战者逆德也，争者事之末也。阴谋逆德，好用凶器，试身于所末，上帝禁之，行者不利。"越王曰："吾已决之矣。"遂兴师。吴王闻之，悉发精兵击越，败之夫椒。越王乃以余兵五千人保栖于会稽。吴王追而围之。

……

勾践之困会稽也，喟然叹曰："吾终于此乎？"种曰："汤系夏台，文王囚羑里，晋重耳饹翟，齐小白饹莒，其卒王霸。由是观之，何遽不为福乎？"

吴既赦越，越王勾践反国，乃苦身焦思，置胆于坐，坐卧即仰胆，饮食亦尝胆也。

……

其后四年，越复伐吴。吴士民罢弊，轻锐尽死于齐、晋。而越大破吴，因而留围之三年，吴师败，越遂复栖吴王于姑苏之山。[1]

---

[1] 司马迁：《史记·越王勾践世家》，长沙：岳麓书社，2011年。

卧薪尝胆

> 此情可待成追忆，只是当时已惘然。
> ——（唐）李商隐：《锦瑟》

"**失**去"的感受冲击强烈，这是因为从生物进化的角度讲，与获得相比，损失对生存的威胁可能更大，因此，人们进化出对损失甚至是预期损失的强烈反应。

人们都不愿接受预期失去

在竞标项目报价中，起价很低的热门项目或拍卖物品会导致人们竞相报价：一路竞标过来，投入了这么多，最终不中标可就太亏了，最终以高出实际价值数倍的报价成交。Allan I. Teger 的 "1 美元拍卖" 实验解释的就是这种现象。一名拍卖人拿出一张 1 美元钞票，请大家给这张钞票开价，每次叫价以 5 美分为单位，出价最高者得到这张 1 美元钞票，但出价最高者和次高者都要向拍卖人支付相当于出价数目的费用。多次实验的最终报价在 20~66 美元。以远远大于 1 美元的代价去竞买 1 美元似乎不是明智之举，但面对已经竞标的心理沉没成本的损失，大脑是越来越倾向于风险偏好；事后，清醒过来的中标者暗自后悔，叫苦不迭，而追涨未果的众人则会暗自庆幸。另外，Allan I. Teger 通过对出价人的采访发现，起初吸引拍卖人的是迅速增加的收益，当出价越来越接近 1 美元时，每个拍卖人都遇到了同样的窘境：要么停止争夺并且失去报出的价钱，要么提出更高的价格。但是，在多数情况下，继续参与的动机不再与钱有关，而更多在于求胜的心理。

1968 年，Knox 和 Inkster 找到 141 名赌马的人，其中 72 人把 2 美元的赌注押在了一匹马身上，另外 69 人也要用 2 美元押注，但还没把钱花出去。他们让这两组人都评价一下他们选中的马获胜的可能性，结果发现：没付钱的人普遍认为获胜的可能性一般，而已经付钱的人普遍认为他们的马获胜的概率很大。但从实际的比赛结果来看，两组选择的赛马获胜的概率没有什么差别。

在商业实践中，John List 和 Tanjim Hossain 在厦门万利达集团进行了为期 6 个月的实验。目标很简单，就是研究能否通过简单的框架效应[1]提高工人的生产力。为此，他们选定两组实验对象，其中一组获得的激励是"如果小组的平均生产效率超过每小时 400 件，参与者每周会获得 80 元奖金"，另外一组获得的激励是"每个月会获得一次性的奖金 320 元。但是，如果某个星期小组的平均生产效率低于每小时 400 件，参与者的奖金会减少 80 元"。研究得出，奖金的作用是显著的，不管何种激励，奖金都会提高生产力。但是，与第一种奖励方案相比，第二种奖励方案对提高生产力更有效果。

害怕失去而逃避决策

人们也会因为害怕失去，而避免或推迟作出决策。譬如，如果母亲预期到注射疫苗有可能会让孩子感染致死，就不愿意给孩子接种，哪怕这种感染的概率极低。

在商业实践中同样如此。1983 年，托罗公司[2]推出了一项名为"雪中送炭"（S' No Risk）的扫雪机促销计划：相对于普通的降价促销，消费者需要多花一些钱来购买扫雪机，但如果当年降雪量少于历史平均降雪量的 20%，消费者就能获得全额退款。结果，这个促销计划大获成功。这是因为居民可分成三类：已经有扫雪机的，永远不会买扫雪机的，想买扫雪机却下不了决心买的。买扫雪机时犹豫很正常，因为一台扫雪机价值上千美元，是一笔不小的消费。居民会担心它是否值得：买了扫雪机，会不会一个冬天也用不上几次，白白浪费钱？"雪中送炭"计划帮助居民解决了这个后顾之忧：下雪的话，扫雪机买得物有所值；不下雪的话，反正扫雪机也没有花钱，以后还能用。事实上，该促销计划一方面增加了消费者的购

---

[1] 尽管得失的期望值相同，但人们会因为发问的方式呈现出获利面或损失面，从而作出不同的决定。当以获利的方式提问时，人们倾向于避免风险；当以损失的方式提问时，人们倾向于冒风险。

[2] 托罗公司（The Toro Company）成立于 1914 年，为灌溉设备、高尔夫球场养护机具、园林机具及扫雪机制造商。

买结果的风险，消费者在好情况下变得更好（既不用扫雪，还无偿获得了扫雪机），却在坏情况下变得更坏（既要花时间扫雪，又要为扫雪机付更多的钱）；另一方面却降低了消费者购买行为的损失程度——下雪的话，扫雪机买值了；不下雪的话，反正扫雪机也没有花钱，以后还能用。可见，托罗公司的促销计划不应该被叫作"雪中送炭"，而应该被称为"买了不损失"（S' No Loss）。

不愿失去才会买

一旦人们对某种物品或者诉求形成依赖时，就不太愿意舍弃它了。宜家声称床垫可以免费试用90天，试用期满后如果顾客愿意，可以选择退回该产品；然而，到那时该产品已经像是家中财产的一部分了，在可买与不买之间，多数人会选择买。

让顾客相信产品能够做什么比产品实际能做到什么更为重要。一些行业会花费大量费用在宣传上，正是对损失的敏感和规避损失的迫切需要，使得消费者热衷于追捧并购买那些"预防损失"的产品：期望这些产品带来的稳定感和安全感。化妆品行业大肆宣传青春和容颜的流逝，给女性带来诸多失落感，即使你在镜子里并没有看到皱纹的出现，它也会让你相信，如果没有那瓶昂贵的抗皱面霜，生活就不再完整。

在乎失去的健康而无视已有的健康

《黄帝内经》说："上工治未病，不治已病，此之谓也。""治未病"即采取相应的措施，防止疾病的发生和发展。然而，在人世间，无论男女都不愿意采取低成本的措施预防疾病的发生，而是选择采取高成本的措施治疗已发生的疾病。

有很多男性吸烟，当他的健康情况允许他吸烟的时候，让他戒烟，那是不可能的，他会找到很多理由：应酬、习惯。但是，当他发现自己肺部有阴影，甚至患了肺癌之后，他会很快戒烟，根本不用医生嘱咐，或者服用什么戒烟药物。

女性同样是无视已有的健康。预防乳腺癌的药物——雷洛昔芬和他莫西芬，只需要每天服用一片小药丸，费用相较而言也不算高昂——5 年的药物总体花费大约是 8500 美元，与一名乳腺癌患者化疗的花费相比只是个零头。但是这种疗法的推广一直陷入瓶颈：乳腺癌高危人群中只有极小一部分同意并开始服用这些药物。这是因为相对于已经失去"健康"的乳腺癌患者，损失的情感驱使人愿意为化疗支付任何高昂的费用，但是，处在"健康状态"中的人没有"损失"规避所激发出的情感，相应的支付意愿也就低了很多。

沈百欣医生发现，几乎所有输尿管结石都是由原发性的肾结石滑落至输尿管导致的梗阻、急性疼痛及肾脏损害，而主动监测肾结石大小变化并积极处理的人并不多。反之，一旦结石滑落至输尿管引发急性肾绞痛时，患者往往积极主动要求一切可以去除其疼痛的治疗。

制药业宣传各种疾病和亚健康状态给人们带来的恐惧，其在广告上的花销甚至超过了在药品研发上的投入。然而，人们却不愿意积极使用药物或者接受手术的另一个原因是，药物或手术都有一定的副作用，健康人并不愿意为了预防某种也许不存在的疾病而承担药物或手术副作用所带来的不适。

由此可见，做事常常需要"动力"才能向前，失去有时是一种上佳的动力。

轻罚之下出现勇夫

妈妈："桃桃心情不大好？"

桃桃："今天早餐又是面包、鸡蛋和牛奶,一点胃口也没有,只能一边和小朋友玩,一边硬着头皮吃。老师用很高的声音批评我吃得太慢了。我一天都不敢看老师的眼睛,很难过……"

妈妈："老师批评你是因为你没有好好吃饭,如果你好好吃饭老师就不会批评你了,你在老师的眼里还是一个好孩子。"

桃桃："可是,还是好伤心……不想去幼儿园了……"

妈妈："若不去幼儿园,那么就不能看动画片《巧虎》;若去,除了能看20分钟的《巧虎》,妈妈还会奖励你一个贴纸。"

桃桃："不能看《巧虎》?让我想想……好吧,那还是坚持去。"

上学去

> 小人不耻不仁，不畏不义，不见利不劝，不威不惩；
> 小惩而大诫，此小人之福也。
> ——《易·系辞下》

惩罚作为一种负面诱因，遏制别人去做人们不乐见的事情；而奖励作为一种正面诱因，则可以促使人们克服困难，去做"对"的事情。

正面诱因阻碍人们去做"对"的事情

很多城市都开始推广垃圾分类处理，希望借此提高可循环利用资源的回收利用率。其中一项重要的政策就是为参与垃圾分类的居民提供积分奖励，居民可凭积分获得洗衣粉、毛巾等小礼品。但这项政策的落实情况却并不理想，对于此前已经习惯于整理废报纸、塑料瓶等可回收物品并定期卖给废品回收站的居民来说，垃圾分类回收的奖励折现额实际更低；而其他一些居民本来有意参与环保项目，却因为垃圾分类回收的积分奖励配套政策，担心自己的参与行为会被邻居视为卖废品挣小钱，从而拒绝参与。有意愿参与环保项目的居民，最看重的是自己的参与行为所可能带来的提升自己社会评价的作用，而不是金钱奖励。

很多自助餐厅对于食物浪费纷纷推出了惩罚措施，但是，对于不在意罚款金额的食客来讲，这恰恰让他们心安理得地为自己所浪费的食物付费。自助餐厅原本是希望通过惩罚措施减少食物浪费，结果可能只是单纯地增加了营业额度。

自设惩戒诱惑人们去做"不乐见"的事情

在医疗费用不断上涨的时代，多数用人单位承担着员工医疗费用的绝大部分,因而多以保健计划的形式来激励员工的健康行为,但到目前为止,还没有多少证据能证实哪种方案可以真正有效地指导他们。譬如,想让吸烟者戒烟,是对戒烟成功大加奖励还是对戒烟失败小施惩戒更加有效?

为了搞清楚这个问题,Halpern 等(2015)让美国药品零售商 CVS 的药店员工及其亲朋好友接受了不同的戒烟方案,发现相较于传统的戒烟方法,即通过各种方式免费帮人戒烟——提供咨询,使用口香糖、药物或贴片等尼古丁替代疗法提供奖励的方法产生的效果要好得多。但也发现,如果要求参与者交 150 美元保证金,且告知他们在 6 个月内无法戒烟就拿不回保证金,戒烟的成功率几乎可以翻一番。

RunKeeper[①]利用社交网络中其他人给你的压力来让跑步计划积极实施,GymPact 让这种效应进一步扩大,要求用户建立一个协定,然后用户还需要设定一个价码,这个价码是代表用户如果没能完成健身计划所能接受的处罚额度,若没有完成,除了可能遭到朋友们的嘲笑外,还将面临自己的血汗钱被别人瓜分的后果。另一个类似的 App 是 stickK 网站,该网站数据显示,人们在每周初、月初、年初、生日后和公共假期后会更频繁地订立目标协议。stickK 网站综合了两种不同的刺激机制来帮助人们实现目标:你可以让朋友监督你,或接受现金处罚,或者两者并用,不过都不是强制性的。如果不能完成任务,卡里的钱可以转移到也在用这个网站的朋友那里或者 stickK 选的慈善机构。还可以采取以下办法让失败更难以接受:将钱捐给一个"反慈善机构",也就是说,这个机构支持的事业是他讨厌的,比如,一个不支持的足球队或者与其价值观对立的某个非营利机构。结果表明:在投入钱的用户中,78%的人会实现目标,而没有投入钱的用户中,只有35%的人会实现目标。

有时小棒的效果比纯用胡萝卜更好,奖励并不总是行得通,而惩罚在某些条件下,却有神奇的功效。

---

① https://support.runkeeper.com/hc/en-us [2016-11-24]。

促进合作的法子

赢豫："国庆期间，苏宁的物流业务非常繁忙吧？"

李磊总监："国庆期间，主要是大件商品的销量比较大，小件商品有'8·18发烧节'和'11·11'两个节日促销，相对于小件商品，大件商品的分拣工作较为简单，物流业务尚算不上繁忙。"

赢豫："苏宁频繁发起各类促销活动，目的是为了淡化淡季和旺季的差异，使得物流资源不至于过度紧张和过度闲置。但是，物流资源的前期投资成本巨大，如何应对可能出现的物流资源闲置？"

李磊总监："苏宁的物流服务，已从以成本为中心转向了以盈利为中心，物流业务已逐步转换成第三方物流，物流业务作为一个独立法人，自负盈亏。苏宁集团下的物流子公司不仅负责苏宁的实体店铺和网上店铺——苏宁易购所售卖商品的配送，也和天猫等其他企业合作，为天猫平台上所售卖的部分商品提供了物流服务。"

赢豫："苏宁和其在网络终端的竞争者们在销售环节的竞争，不影响双方在物流运作环节的合作。"

竞合（朱颖弢）

> 二人同心，其利断金。
> ——《易经》

合作能够让人完成看起来不可能的任务。希罗多德[①]在《历史》中记载：金字塔由 30 万奴隶所建造。然而，一个个行尸走肉的奴隶是建造不出金字塔的，2003 年，埃及最高文物委员会宣布：通过对吉萨附近 600 处墓葬的发掘考证，金字塔由当地具有自由身份的农民和手工业者建造。

搭便车瓦解合作

一方面，中国有句俗语"三个臭皮匠顶个诸葛亮"，即群体决策要比个体决策的质量高；西方"陪审团"规则表明，团体中多数人的投票比单个人的投票更有可能正确，且团体规模越大，投票就越可能趋于精确。另一方面，中国又有俗语"一个人是条龙，一群人是条虫"，"一个和尚挑水喝，两个和尚抬水喝，三个和尚没水喝"。

西方谚语中也有类似的智慧。"即使每个雅典公民都是苏格拉底，每次雅典集会也仍然是乌合之众"，说的是群体决策的无奈和低效。勒庞更是赋予群体决策"乌合之众"色彩：每个聪明人在各怀鬼胎中被群体所特有的传染力所迷惑，于是每个聪明的个体在一个群体中都会成为瞎子与哑巴，任凭群体指挥。

林格尔曼效应也证实了和尚挑水的实验结果：邀请参与者参加拽绳子的实验，在每次实验中，只有一个人毫不知情，一会儿是自己拉绳，一会儿又变成了多人一组拉绳。为了不让参与者注意到别

[①] 希罗多德（希腊语，ΗΡΟΔΟΤΟΣ），公元前 5 世纪（公元前 480—前 425 年）的古希腊作家、历史学家，他把旅行中的所闻所见，以及第一波斯帝国的历史记录下来，著成《历史》(στορίαι) 一书，成为西方文学史上第一部完整流传下来的散文作品。

人的无所事事，他被安排到最前面，结果发现，他拽绳子的力量和他所以为的小组的人数相关。

竞争中的合作源于长期的互惠企图

在解释合作的动机时，进化论观点认为，合作是一类基于原始生存环境的适应性行为。在一个小群体里，通常大家都有血亲关系，合作有利于大家的正常生活。当合作具有更纯粹的风险意义时，互惠说的解释则显得乏力。比如，安排彼此陌生的参与者参与实验，不给他们任何交流的机会，不依其实验中的行为来决定报酬。实验后，让参与者各自单独离开实验场地，使其无法建立哪怕是最松散的社会关系，难以产生日后互惠的动机。即便如此，相当数量的参与者竟也会作出合作的选择，出现了一些无法用互惠解释的"残余"。也就是说，尽管竞争是自然选择的天然特性，但心存希望、慷慨大方、宽宏大量的合作心态能够保证社会长期、健康地发展。

随着社会的发展，社会行为会异质化。社会共识的瓦解使得自发的合作难以在由陌生人组成的社会中维持。当对陌生人的信任缺失时，增强陌生人间的合作动机有四种手段：第一，惩罚促进合作；第二，用团队的可能消亡促进合作；第三，用货币换取合作的方式替代人际信任去维系个体间的合作；第四，用公司治理制度促进分工体系下的合作。

惩罚促进合作

来自于交易双方的某一方的惩罚可以促进双方合作。Dreber等（2008）采用了两种形式的囚徒困境来研究惩罚。

第一种：两人一组玩普通版的囚徒困境，决定是否相互合作。若一方选择合作，对方选择不合作，对方可以拿 30 元，而选择合作的一方要损失 20 元；若双方都选择合作，每人每次都可以拿 10 元；若双方都选择不合作，则都一无所得。

第二种：惩罚版的囚徒困境。相对于普通版，其增加了惩罚选项：你不但可以选择是否合作，还可以选择给对方惩罚。

在惩罚版的囚徒困境中，合作与不合作的损失和收益与普通版相同，但如果选择了新增的惩罚选项，那么在损失10元的同时，可以惩罚对方使其损失40元。这样，对于不合作的伙伴就有两种报复方式：第一，仅仅不合作，都无利可图；第二，实施惩罚，不仅让对方没钱拿，还要让他受损失。

研究得出，相对于普通版中的参与人，惩罚版中的参与人更愿意合作。但是，无论是在惩罚版还是在普通版中，人们最终的总体收益并没有差别。也就是说，惩罚虽然提高了整体的合作意愿，却并未提高整体的收益水平。这是因为报复性惩罚会导致被惩罚者所遭受的损失比普通版中不合作者所遭受的损失更为惨重，抵消了合作带来的收益，因此总体收益水平没有提高。

促进合作的惩罚还有可能来自于第三方，又称"利他惩罚"。这种"路见不平一声吼，该出手时就出手"的惩罚策略是：A损害了B，如果B没有采取惩罚行动，而本可置身事外的C却出面干涉了。第三方惩罚像是一个信号：所有人都要遵守并且维护群体秩序。如果你对其他人之间发生的不公平袖手旁观，那么这种不公平就有可能被放大，最终影响自己的利益。

Roos等（2013）提出，如果在一个社会群体中，人们彼此之间有着更多的交集和联系，并且人们不会轻易离开这个群体，那么发生第三方惩罚的可能性就更大。

经典的最后通牒博弈模型如下：A获得100元钱，可以将其中的任意钱数分配给B，如果B同意则按该方案分配，如果B不同意，则两人都获得0元。

Roos等（2013）基于此模型进行改进，将分配方案中的决定权转移到一个第三方手中，即C可以决定A的方案是否施行，如果A的分配方案有失偏颇，C可以对A进行惩罚使其空手而归。为了引入社会因素，该模型的研究对象不是完全随机的人群，而是彼此之间存在关联，而且实验反复实施了几次，发现在社会关系更紧密的人群中，第三方惩罚出现得更为频繁。

在冷漠的大城市，高流动性冲淡了人与人之间的关联程度，使得人们对城市的责任感很低，"人心不古"成了至理名言，社会性的第三方惩罚机制也就日渐式微了。

消亡促进合作

Eckel 等（2016）采用公共品博弈游戏进行研究，是因为竞争还是消亡提高了团队成员之间的合作水平。每一轮每个参与者被给 50 个钱币，然后每个人决定这些钱如何在个人账户与团队账户进行分配。私人账户进行 1：1 获得，团队成员贡献产生的团队账户金钱进行 1：2 翻倍，然后团队账户的总金额在团队成员间进行平均分配。共有 4 组实验，第一组：在每一轮游戏后，每个人会发现其他团队成员对团队的贡献。第二组：引入团队竞争，参与者获得的信息和第一种情况相同，但是他们被告知在 10 轮游戏后，会根据账户总金额进行团队之间的排序。第三组：10 轮游戏过后，每个参与者被告知他们的收益将与其他参与者进行对比。1/3 的最低收入者将被排除在之后的实验，不会参与接下来的 10 轮实验。第四组：10 轮游戏后，将团队收入与其他团队收入进行对比，排名后 1/3 的团队将被淘汰，不会参加接下来的 10 轮游戏。

研究者发现，在第一组到第三组中，成员的平均贡献在 10 轮游戏中不断降低。随着时间的推移，个体会贡献更少的钱币给团队，留给自己更多的钱币。在引入团队消亡时，起初个体几乎贡献了全部钱币给团队，因此，可以说团队的消亡压力促进了团队成员的合作。

金钱促进合作

Camera 等（2013）操控了若干轮实验，参与者两两互动，其中一位扮演生产者，另一位则扮演消费者。在对照组中，每位参与者开始都持有 8 个"消费单位"的资源，生产者可以选择是否帮助消费者：选择帮助，则生产者损失 6 个消费单位，消费者得到 12 个消费单位，此轮结果视为"合作"达成；选择不帮助，生产者则没有任何损失。每一轮选择后，参与者的角色将随机在生产者和消费者之间转换，研究者会将选择"不帮助"的比例向参与者公布，参与者之间则保持陌生状态。

Camera 等（2013）发现，当群体能达成互惠的社会共识时，参与者选择帮助他人的概率能够达到 100%。随着群体人数的增多，参与者选择帮助他人的概率不断降低，平均合作率从 2 人时的 70.7% 降低到 32 人时的 28.5%。

当引入代币后，情况发生了变化。虽然代币并没有实际价值，也不能换算成实验中的消费单位，但它的存在给予了参与者新的选择。除了选择自发帮助或袖手旁观之外，生产者还可以选择向消费者出售帮助从而获取代币，消费者则能够选择把代币留到下一轮，赠送代币给生产者，或者支付代币购买帮助，双方需要同时作出选择。

研究发现，当交易可行时，即使群体人数变多，合作率依然能够保持稳定。但只有在群体足够大时，使用代币的群体合作率才会高于对照组。这项研究说明了金钱存在的行为学原因。与传统物物交换制度不同，一种货币制度利用符号代币便可交易任何东西，这便为一种公平的商品交换提供了可能性。

伪装情绪促进合作

漫长的人类进化历程演化出了愤怒、失望、悲伤、高兴等情绪，决策者可利用这些情绪影响他人的决策，即为情绪博弈。实践中，面带微笑的服务行业人员可获得较多小费，假装愤怒的顾客可以从商家处获得较低价格，父母向不成器的子女表达失望情绪以促进子女的学习，上司向表现糟糕的下属流露失望令其更加努力工作。情绪影响决策过程的原因是，情绪状态可以作为一种信息，简化决策判断的过程。

李娟和魏菲（2016）通过两次最后通牒博弈的实验研究，分析了失望情绪驱动下的决策。首先，当参与者得知自我的失望情绪水平将被传递给对手时，其会有意识地夸大失望情绪水平，进行情绪伪装。其次，参与者是否具有情绪伪装意识也会影响其自我决策行为，汇报失望情绪水平之后，面对是否接受对手的分配方案，具有情绪伪装意识的参与者会表现得较为合作：面对同样的分配份额，具有情绪伪装意识的参与者的接受率相同。具有情绪伪装意识的参与者决策分配给对手的份额时，会表现出相反的行为，变得更加激进：具有情绪伪装意识的参与者会选择分配给对手较小的份额。最后，相对于真实情绪组，伪装情绪组中的参与者接收到的失望情绪水平较高，伪装情绪组中的失望情绪接收者会作出更多让步：面对相同的分配份额，甚至更少份额，伪装情绪组中的情绪接收者有着更高的接受率；并且，相对于真实情绪组，伪装情绪组中的失望情绪表达者和接收者均会获得更多收益。

公司治理制度保障合作

技术进步造成分工，公司治理制度的出现也极大地推动了技术的创新与发展。早在公元 11 世纪，地中海沿岸的贸易活动就催生了公司的萌芽。在当时，出于对交易中的权力与信誉的尊重，逐步出现了规范公司行为的法律制度：其一，是作为基础的财产权利；其二，是规范商业行为的商法；其三，是保障声誉的信用。

虽然以晋商、徽商、浙商为代表的商帮会有一定发展，但是受制于特定的环境，尤其是过于强大的政府主导力量，最终难以摆脱覆灭的命运。因此，没有公司就没有现代合作，就没有现代市场经济，更不会有所谓的现代社会。公司的价值在静态上表现为合作，在动态上则表现为技术进步。

对于促进合作的法子，总结如下：引入团队消亡的可能性，加强金钱作为合作中介的作用，以及加强公司化治理。

新起点的力量

笔者所在学院新来了一位主管学生工作的李浩书记,他为学院的行政服务工作带来了清新之风。

2016级新生9月份入学,在异乡度过的第一个重要的传统节日是中秋节。独在异乡为异客,每逢佳节倍思亲。李浩书记委托部分2016级新生家长将自己心中想对远在南京大学的儿女们表达的话语落于笔端,寄之千里。特摘录一条:

兰舒:

新的起点、新的环境、新的朋友、新的人生导师。懂得感恩、学会珍惜,相信你的明天一定更加美好。

祝:中秋快乐

健康平安

爱你的爸、妈

毕业生

> 成功之路，从头开始（Start Ahead）。
> ——飘柔（Rejoice）广告语

一旦到了一些特殊日子，无论是新月份的开始还是新年和生日，人们都习惯于重新看待自己的生活。

人们天生地会利用心理账户的开启和关闭求得安慰

为了应对学习和工作所带来的平庸，可以将时间划分为不同学习周期，比如，按照星期来划分。在一个星期开始的时候，人们会充满热情地去做所遇到的任何事情；随着时间的流逝，热情逐渐消退；到了一个星期的末期，放松自己，调整状态，为新的一个星期做准备。Dai 等（2014）将其解释为"全新开始效应"：新的生活，从头开始。这时，人们利用心理账户构建了一堵墙，让大脑重新开了一个账户，在过去和未来之间画了一条界线，一旦感受到新的起点可以有一种全新的开始，作出改变就会容易很多，规避了认知失调。

战场中将领们利用心理账户的开启和关闭达到相应的目标。"破釜沉舟"说的是："项羽已杀卿子冠军，威震楚国，名闻诸侯。乃遣当阳春、蒲将军将卒二万渡河，救钜鹿。战少利，陈馀复请兵。项羽乃悉引兵渡河，皆沉船，破釜甑，烧庐舍，持三日粮，以示士卒必死，无一还心。"[1]是为通过关闭一个"士兵临阵脱逃"的心理账户，鼓励士兵勇往直前。

在即将跨年龄段时，人容易产生关于"活着是为了什么"的思考，孔子说："吾十有五，而志于学，三十而立，四十而不惑，五十而知天命，六十而耳顺，七十而从心所欲，不逾矩。"

---

[1] 司马迁：《史记·项羽本纪》，长沙：岳麓书社，2011 年。

在现代社会，人在即将跨年龄段时，会产生一种心理防卫机制——对未知将来的期待和恐惧。Alter 等（2014）调研了网站 Ashley Madison 登录的 800 万男性，结果发现，其中的 95 万男性的年龄是 29 岁、39 岁、49 岁或是 59 岁，换句话说，年龄以 9 结尾的人最容易出轨。

开启一个心理账户比较容易

信用卡公司 Discover 承诺，若已拥有信用卡的人推荐朋友申请，则双方可以获得 50 美元的开卡奖励，这是为鼓励办信用卡开启了一个心理账户。

很多创新型产品会采用提前售卖的方式，从而使金钱和产品相分离。这种做法是为了让人们更加肆意地享受新产品的快乐，剥离支付的痛苦。更进一步的做法是，通过"众筹"，让大家共同分担，进一步降低"支付"痛苦。

很多古董收藏家都擅长把付钱和享受的时间距离拉开，单纯享受支付后的快乐。在支付后持有古董的悠久岁月中，古董收藏家可以纯粹地沉浸在精神喜悦中。

在赌场换筹码，隔离支付的痛苦和消费的愉悦，就是为了进一步激励赌徒的无底线心态，开大赌场的吕志和、摆地摊的江湖人采用的都是同样的做法。大学期间的一次春游，笔者和同学到哈尔滨的某个郊县玩，看到一个摆地摊生意：10 元人民币可以换 5 个竹圈，人站在一定距离之外，扔竹圈去套远近不一的各种毛绒玩具。有个同学换了将近 50 个竹圈，套了一堆脏兮兮的毛绒玩具送给我，其好赌和豪赌的个性，那时就已然发芽。

在学术界工作的学者也会有类似的经历。受研究兴趣的驱使，学者开始一个新的研究工作的行动，大多是很容易就实现了。当学者把写好的论文投稿到学术期刊或顶级会议中后，可能会直接被拒稿，或是被要求做出修改，这时，学者要把有限的精力分配在正在进行的新的研究和需要改动的稿件中。对于学者而言，相对于去修缮一个已有的工作的预期经历，去做新的研究工作的过程对他更有吸引力，做起来也会感觉更容易一些。

关闭一个心理账户比较困难

Zhu 等（2008）发现，消费者会尽力避免关闭亏损账户产生的痛苦，因为关闭一个旧账户比开立一个新账户要困难。当消费者进行以旧换新的交易时，会应用心理账户——他们可能感到旧产品的折价价值更重要，因而投入大量的精力为其价格进行谈判，却只用较少的精力去对新产品的价格进行谈判，从而更能容忍一个较高的购买价格。以旧换新的消费者和仅仅作为旧产品卖者的消费者对其现有产品愿意接受相同水平的价格，而以旧换新的消费者与仅仅作为新产品买者的消费者相比，其为新产品愿意支付的价格更高。

Zhu 等（2008）的实验设计如下：告诉参与者，他已拥有一个具备基本功能的照相机，是几年之前购买的；现在有一种新型照相机，可以拍出质量更好的照片，而且更小、更轻便。给一半的参与者呈现的是原价 2000 元，按优惠价 1200 元出售；给另一半的参与者呈现的是当他们购买 2000 元照相机的时候，可以以旧相机折价 800 元。

一般会认为，至少选择以优惠价购买相机的人会与选择换购相机的人一样多，但在实验中选择换购相机的人数比例（56%）显著高于选择优惠购机的人数比例（44%）。当消费者想购买新的耐用品时，如果旧的耐用品仍具有使用价值（尤其是当旧耐用品以前使用的频率很低，又没有愉快的使用体验时），消费者会认为自己还未充分获得这个产品的使用价值，则很难作出购买新产品的决定。此时，商家可以采取以旧产品折价换购新产品的方式进行促销，在这种情况下，人们更容易接受将旧产品替换掉的方式。因此，对于消费者而言，最好采取独立交易——一次谈判一个价格，将有助于减少为新产品支付的费用；对于商家而言，提高换旧的价格可以刺激消费者重新购买。

关闭一个心理账户比较困难的原因之一是承诺升级，所谓承诺升级是一种在过去决策的基础上不断增加承诺的现象。在 Zhu 等（2008）设计的实验中，消费者对旧相机恋恋不舍，其中的原因之一是消费者无法放弃曾经自己对旧相机所评判价值的承诺。

"一年之计在于春,一日之计在于晨",说的正是周而复始,关上一扇门,开启一扇窗,新起点的力量,不容小觑。

距离影响决策

第八条：不要轻易否定教授的讲课水平，因为这等于自招了你根本没听懂。教授的功能是为企业家归纳理论，他们没有时间实战，他们只可以系统化企业管理的模式，请切切记住：教授告诉你什么是游戏规则，但至于怎么玩游戏规则，是你的事情，玩对了飞黄腾达，玩错了家破人亡，与教授无关。

……

第十条：不要太相信教授的话，因为大部分教授都不会做生意。但要相信教授对你一定有帮助，当上一名教授已经非常不容易，况且是一名北京大学EMBA的教授，请相信，教授也有随时被轰下台的压力，对于教授的课程，请采用"取其精华，弃其糟粕"批判并接受的心态，请发扬"一日为师，终身为父"的中华民族传统美德。

第十一条：不要不相信教授的话，因为你没有做好的原因，教授会说是因为你没有听懂他说的话。成功需要很多因素，包括天时、地利、人和及实力和运气，失败只需缺少任何一种，请永远相信，教授希望你成功，因为只有"名徒出高师"，名师未必出高徒，孔子三千弟子，也只教出七十二圣贤。[1]

---

[1] 围观北京大学EMBA二十五条班规, http://mba.mbalib.com/news/8948.html［2016-10-01］。

距离产生理性

> 他山之石，可以攻玉。
> ——《诗经·小雅》

奋战在商业战场一线的商人们，需要听听高校里的远离又关注商业实践的学者的观点，借助作为旁观者的学者的思考角度，提升自我的经商能力。战场中的曾国藩在写给其弟弟曾国荃的家书中提到"千秋邈矣独留我，百战归来再读书"。这好比使自己从事件中跳脱出来以旁观者的心态进行思考，扩大心理距离，促进正确决策。

之所以有旁观者效应，是因为人类的两个大脑半球通过胼胝体沟通、连接起来。右半脑关注的一切就是"此时、此地"，以图像方式来思考，通过身体的运动以动感方式来学习。左半脑是"学术脑"，负责逻辑理解、记忆、分析、推理等，使思维方式具有连续性、延续性和分析性。"右半脑"的功能是天生习得的，因为在漫长的进化过程中，人首先要解决的问题是快速地寻找食物和躲避天敌，形成"活在当下"的心态：对眼下具体可见、鲜活生动的事情作出反应，关心"怎么办"；而对于未来的问题，人们需要形成抽象的概念，用"左半脑"去思考"为什么"。

距离影响人们的决策行为

近距离使人对于事物的解释变得更加具体，关注细节属性；远距离使人对事物的解释变得更加抽象，关注核心属性。研究未来的哲学给人的印象多是"大而无用"，多是追问"你是谁？你从哪里来？你到哪里去？"抽象性的问题围绕着"为什么"进行，而不去讨论"怎么办"。研究当下问题的工程专业，是出了实验室研究成果就可以付诸实践的，这是因为工程领域的科学家都是围绕着"怎么办"在做事情。

学术论文的撰写和评审，学者撰写起来总有各种困难；而作为旁观者的评审，却是相对容易。无怪乎，每次关于期刊运作和论文评审的实务性会议，期刊的主编一方面强调论文投稿者要写出重要的成果，另一方面又要求评审者不要过于苛刻。虽然是两边各打五十大板，但对于缩小"自我-他人"距离导致的决策判断差异，却是无可奈何。

拉开和拟解决问题的距离提升判断力

很多时候无为胜有为，不立刻处理不见得后果差，比如，让心脏病外科手术医生抽离具体办公环境，患者反而有更多的生存机会。Jena 等（2015）应用美国联邦医疗保险的数据，评估了美国2002—2011 年因心搏骤停、心力衰竭或急性心肌梗死入院患者的死亡率，并重点关注每年美国最重要的两个心脏病学术年会——美国心脏病学会年会和美国心脏学会科学年会期间入院的患者。研究共纳入大约 11 000 例心搏骤停患者、134 000 例心力衰竭患者及约 60 000 例急性心肌梗死的患者，其入院时间为上述两次会议召开的前 3 周至后 3 周。统计结果显示：在每种疾病的患者中，有约 14%在会议期间入院，其余 86%在非会议期间入院的患者作为对照组。

研究结果显示，两组患者的结局具有统计学意义的显著差异。因心搏骤停收入教学医院[①]患者的 30 日内死亡率为 69%，会议期间的死亡率为 59%；在控制时间段，心力衰竭患者的 30 日内死亡率为 25%，会议期间的死亡率为 18%。对于因急性心衰入住教学医院的患者而言，重大会议期间与非会议期间收治患者的 30 日内死亡率并无显著差异，不过相似的死亡率产生的基础，是两个时间段内接受冠状动脉介入手术的患者数量有显著差异：重大会议期间，21%的急性心肌梗死患者接受冠状动脉介入手术；而非会议期间接受该手术的患者比例则高达 28%。

同样，不同于传统的面对面交流，微信、脸书等社交网络在人们中间拉上一道屏风，使得人们不那么针锋相对，而是游刃有余地

---

① 教学医院是指具有教学用途，提供在读医术类院校学生实习、研究的医院。

选择性地表达自己。或许，百合网、世纪佳缘等相亲网站中的虚拟谈恋爱的效果，不比传统的咖啡店里约谈爱情差。

让好友代自己决策提升决策效果

Kray等（1999）请学生在下面两份工作中择一：

工作A：是你可以做得很好的工作。你在学校修过相关课程，但你之所以会想做这份工作，是因为来自于父母和朋友的压力。长期而言，这份工作会有很好的薪水和社会地位。

工作B：则是你很感兴趣，但不是一般大众熟悉的工作。薪水比较有限，但会比较有成就感。这份工作会给你很大的自由，让你探索自我、帮助他人。

当请学生为自己做选择时，有66%的人选择工作B。如果要给他最好的朋友建议，有83%的人建议选择工作B。当给别人建议时，可以看见森林，会自然地把决策中最重要的因素排出次序，会把短暂情绪的影响降到最低，会比较容易看到最重要的因素：工作B让人更快乐，长期下来满足感较高。但如果是为自己打算，就卡在树丛里，事情就变得很复杂，许多变数就会萦绕在我们的思绪里。

过于清醒的他人未必总是办得好事

农历新春，在决定要给家人和朋友送什么礼物时，人们常常会把对方到底会喜欢什么，作为选购礼物的判断标准。

以下的情景，每个人肯定都曾经经历过：

嬴豫："请推荐几款保温杯。"

营业员："自己用，还是送人？"

嬴豫："有什么差异？"

营业员："自己用，建议考虑携带方便的，外观的颜色要简单，可以经久耐用；送朋友的话，建议选择功能齐备的，比如，这款开口大、保温效果特别好，可以用于煮鸡蛋：倒入滚烫的热水，再放入一颗生鸡蛋，密封好，10分钟内就可以把鸡蛋煮熟。"

传统观点认为，送礼物的时候要避免以自我为中心，不能从自己的角度去猜测对方喜欢什么，而是要为对方着想，试着去想象对方会怎样使用这个礼物。Baskin等（2014）把参与者分成两组：一组要想象自己是送礼者；另一组想象自己是收礼者。眼前有两个礼物的选项：一个是理想性较高的产品，不容易上手，至少要玩10个小时才比较顺手；另一个是实用性较高的产品。要送礼的参与者必须决定选哪一个当礼物，要收礼的参与者需要判断自己更想收到哪一个礼物。

Baskin等（2014）认为，收礼者确实比较喜欢实用性高的产品。而如果没有特别的指示，送礼者会偏好选择理想性高的产品；尤其是送礼人和收礼人的心理距离越长，这个差异越明显。虽然送礼者相信送理想性高的礼物比送实用性高的礼物更能让对方开心，然而收礼者并没有这样的想法。换句话说，"己所不欲勿施于人"，当送礼者在选购礼物时，不要去想对方喜不喜欢，对方要怎样使用这东西，而是要考虑自己喜欢什么。这种观点的转换会让人兼顾理想性与实用性，从而选到对方也喜欢的礼物。

在为未来的自己做决策，或为他人做决策时，所感受到的心理距离越远，决策者越容易采用高水平的解释去做决策和判断。

让她甭纠结

父女二人进了新华书店,走到售卖词典的柜台,让售货员将各类词典拿过来。

爸爸:"这里有两本英汉词典,一本拿起来手感轻一些,但词汇量较小、字体排得有些密和小;另一本拿起来重一些,词汇量较大,但字体排得稀疏有致、大小适中。"

赢豫:"应该选哪一本?"

爸爸:"作为刚学习英文的小朋友,选轻便些的;但是,轻便的词汇量不大,且字体小,影响视力;若选字体合适的,却又有些重,携带不便。"

赢豫:"很纠结。"

爸爸:"那就两本都买!"

纠结

> 因天时，与之皆断；当断不断，反受其乱。
> ——《黄帝四经·兵容》

一个人锻炼 1 小时和深入思考工作 1 小时，前者所需要的能量可能要远远小于后者所需要的。大脑体积相对小，却消耗了多数能量。大脑是一种宝贵资源，人类在使用大脑资源时，一定是用了最有效的方式。

人人都曾有过赢豫这样的经历：面对琳琅满目的产品，或是作出不合理的决策，或是束手无策落荒而逃。长此以往，导致人在决策方面的迟钝，情绪焦虑和心理上的抑郁。过多的选择已成为一种负担：选择意味着放弃其中的若干选项，而失去的感觉总是让人厌恶。

纠结并非人类专有

作出不合理的决策，可能是因为大脑采用快速的、经济的系统思维方式。打个比方，小杰先面对一个选择 A，之后，增加一个选择 B，A 和 B 之间的差异不是那么大，那么，对于大脑而言，可能不必要花费那么多精力去思考，还是选择 A。当小杰面对 A 和 B 两个选择之后，再增加一个选择 C，B 和 C 的差距也不是那么大，那么，对于大脑而言，同样不愿意花费那么多精力去思考，还是选择 A。然而，当把 B 拿掉，小杰面对 A 和 C 两个选择时，大脑会发现，这两个选择之间的差距有那么一点大，好像值得去深入思考一下。这样的话，深入思考的结果是，小杰可能选择 C，而不是原来选择的 A。用数学语言来表达就是，大脑的每一次思考，都是在以往信息的基础上，增加考虑新的信息，进行贝叶斯更新。这个更新过程需要消耗能量，大脑需要去权衡预期获得的收益，与所消耗的能量相比，现在深入思考是值得还是不值得呢？[1]

---

[1] 更多讨论可以参读 Guo L. 2015. Inequity aversion and fair selling. *Journal of Marketing Research*，52（1）：77-89。

动物也会陷入类似的决策困境中。Lea 等（2015）研究了南美泡蟾恋爱过程中的彼此选择行为。为了繁衍后代，雄性南美泡蟾通过鸣叫来吸引雌性。雌性根据自己对雄性叫声的偏好，选择"如意郎君"。这种对叫声的"审美"在南美泡蟾中比较一致：雌性蟾蜍喜欢的声音具有低沉舒缓的音色，并且发出鸣叫的速率快。

依据这样的偏好，研究人员设计了三种求偶音：

A. 音色一般、速率中等；

B. 音色相对较差、速率较快；

C. 音色最好、速率最低。

40 位雌性泡蟾作为评委参加了"泡蟾好声音"：同时听到两种求偶音，并从中作出选择。结果发现，B 受雌性欢迎的程度优于 A 和 C，而 A 又优于 C。那么，同时感受 A、B 和 C 三者的追求又会怎样？出乎意料，雌性泡蟾竟然更青睐中庸的 A 声。没人欣赏的 C，就成了那个卖不出去的诱饵。这些听声辨对象的雌性泡蟾，作出了非理性的择偶判断。

当人们在面对过多选择而手足无措时，有两种方式：一是减少不必要的选择；二是增加必要的选择。

减少不必要的选择缓解纠结

在一定程度上"剥夺"消费者的选择权，替他们做自己都意识不到的明智选择，是企业最初尝试的策略。例如，1997 年，当乔布斯接管公司时，苹果电脑公司的产品线包括 1400、2400、3400、4400、5400、5500、6500、7300、7600、8600、9600，以及 20 周年纪念版 Mac、e-Mate、Newton 和 Pippin 等平台。乔布斯用了三周时间听取了员工对于产品线的介绍后说道："我还是没弄明白这些产品，我甚至不知道应该向朋友推荐哪款产品。"这种复杂的产品线不仅让客户无所适从，也让公司的研发、市场营销人员不知道工作的重点在哪里。

乔布斯很快作出决定，苹果公司只需四大产品就可以满足客户的需求——商用台式机、商用手提电脑、个人台式机和个人手提电脑。以 MacBook Pro 这个产品为例，只有 3 种型号：13 英寸、15

英寸、17英寸。每一型号最多两种配置，全部产品只有5款。再看其竞争对手联想电脑公司的产品，以ThinkPad为例，包含7个系列，系列之下是型号，T系列包含6个型号，每个型号下又包含多种配置，而且还可以定制，根本说不清楚ThinkPad到底有多少款产品，少说也有数百款吧。

零售业的好市多①也深谙此道，控制货品的选择，每一家店只有5000种库存品类，而沃尔玛有十几万个产品品类单元。虽然选择少了，但配合低价、高品质，反而更容易帮助消费者作出购物选择。这也就意味着，好市多会选择他们认为有"爆款"潜质的商品上架，每个小的细分商品品类，在好市多只有1～2种选择。低库存品类量带来的积极效果是，库存周期只有4周，资金运转的效率提升，经营成本下降。

人的感觉只跟此时此刻此地有关是很难达到的境界，人很难在吹风的时候不会去想到某个前恋人，很难在写论文的时候不跑到网上娱乐八卦一圈，很难在发呆的时候不想到论文模型的另一个路径。当过多的选择无可避免时，人们往往会因为种种成见而与最优选项失之交臂。

增加必要的选择缓解纠结

增加必要的选择是指增加一种选择的诱饵。当你选择了A而没有选择B时，你应该感谢选项C的促进作用。关键在于C是一个跟A相似，却又比它要差的选项。诱饵效应的适用范围是"原先没有参照点或者参照点模糊"，通过加入了一个明显的参照点而促进了人的非理性决策。这是因为人们对某件事、某样东西并没有一个准确的衡量标准，并不知道某件事物的真正价值，而只能通过与这种物品相近的其他物品的比较来判断优劣。

在实践中，餐厅的菜单上总会有至少一个贵得离谱的高价菜——即使从来没有人点，或者你点了店家也会说恰好卖完了。这道高价

---

① 好市多（Costco），是美国最大的连锁会员制仓储量贩店，也是全球首家连锁会员制仓储量贩店，起源于1976年在加利福尼亚州圣迭戈成立的价格俱乐部Price Club，于1983年在西雅图正式成立，是目前全球领先的零售商。其官方网站为www.costco.com，致力于为会员提供最低价格的优质商品。

菜的存在或许并不是要吸引顾客选择它，而是诱导你点第二贵的菜。因为当你看到有贵得如此离谱的菜之后，一定觉得第二贵或是更便宜的其他菜是如此"物美价廉"。这是因为贵得离谱的高价菜使得其他菜成了"折中"选项，从而食客选择其他菜显得更加安全。

Dhar等（1992）解释到，决策过程中选择折中选项的消费者，并不是因为对折中选项有强烈偏好，而是选择折中选项可以使其避免陷入难以取舍的困境，因为中间的选项能让人们感到安全，不至于犯下严重的决策错误。

保持产品稀缺促进购买

对未来不确定的恐惧，促使人们加紧储备，逐渐形成风险规避的心态，以备不时之需。这是因为人类衣食无忧的经历也不过几百年的历程，大脑的发展速度跟不上身体的进化：大脑决策系统还停留在旧石器时代，身体却已迈进现代的今天，从而使得关于选择的决策机制严重不适用于现代社会。

苹果、小米等商家利用饥饿诱发的快乐感，玩起了饥饿营销，销售"饥饿"状态的货品，能最大程度地激发顾客的购物欲望。这是因为远古时代的人类，要想找到食物，特别是在野外获得食物，就必须要集中精力、保持头脑清醒，以及和别人合作；若饥饿状态下的人浑浑噩噩，那么早就成为猛兽的腹中佳肴了，为了避免成为别的物种的食物，胃饥饿素就促使人类集中精力来获取食物。而较高水平的胃饥饿素具有抗抑郁的效果，其结果是能够让人快乐。

人是这个星球上迄今为止唯一可以掌控自己命运的生物：没有捕食者，是物理环境的掌控人。人们的认知资源比想象的要有限得多，在理性决策所调用的认知资源仍不足以作出明确判断的时候，人们便倾向于作出不怎么耗费认知资源的非理性决策，唯一可能摧毁人类的因素就是抉择。

我要买买买

赢豫到美国出差，忙完工作后，刚好有时间可以逛街。赢豫本来没有任何购物计划，转念一想，好不容易出差到美国，那就顺便看看吧。

在逛街的时候，偶然发现一个名牌包店门口内外熙熙攘攘，在好奇心的驱使下，赢豫走进了这家店。

进去后发现，所有的包正在打折销售，再看价格，比国内的要便宜很多。看着这么诱人的价格，本来没有任何购物计划的赢豫立刻买了一个包。

买完后，转念一想，这么便宜的包，若再多买几个赠送朋友，朋友也一定很高兴。于是，赢豫就一口气买下了五个包，全然没有想到下个月的信用卡账单不得不分期付款了。

事后，赢豫被问道，买了那么多包，有没有觉得后悔呢？

赢豫笑笑答道："当把包送给朋友，看到朋友收到包后的喜悦心情时，所有的烦恼和后悔都烟消云散了！"

剁手者也

当一个长得很可爱的男生对你微笑时，你会觉得整个世界都在颤抖，视野顿时变得明亮与甜蜜吗？没错，当我看到一家商店时，就是这样的感觉！

——电影《一个购物狂的自白》[1]

在高压生活和工作节奏下，人们没有那么多心力去面对复杂的人际关系，转而求助于物质。用物质表达情感是一个传统：孩子抱住要去上班的妈妈说"妈妈不要走"，妈妈掰开孩子的手，会说道"宝宝乖，妈妈回来给你买糖糖"；单身的男女更是要在光棍节，用有形的物质去对抗虚无的精神世界。不断地购物，其实是在不断地逃避，不肯面对真实的自己。当人们以为物质可以带来满足，消费可以带来幸福时，人们得到的却只有转瞬即逝的成就感，之后或许还要承受无尽的懊悔和空虚。

促销让人产生冲动性消费

黑色星期五马上到来，到 KH 411 博士生工作室询问女博士生们如何败家，恰巧碰到她们在开碰头会，讨论败家秘诀。黑色星期五时美国人的血拼程度，不亚于中国"双十一"时的剁手族：很多商家全年账面上布满赤字，却可在"黑色星期五"当天扭亏为盈。

黑色星期五的购物行为不同于平时购物的悠闲自得，为了买到大幅折扣的商品，人们甚至在吃完团圆饭之后就迫不及待地出门，冒着 11 月底的刺骨严寒在商店门口排队，只为了在凌晨第一时间入店抢到数量有限的折扣商品。中国"双十一"狂欢节的第一枪同样是在凌晨打响。为什么促销都要放在零点？这不仅是因为白天人们都在上学、上班，更是因为人的自制力在晚上比较弱：深夜，自

---

[1] 《一个购物狂的自白》(*Confessions of a Shopaholic*)，由试金石影片公司、杰瑞·布鲁克海默电影公司在 2009 年 2 月发行。

制力消耗殆尽，人更多地采取感性决策模式，更容易产生冲动购买。

大量人群进入到店铺中，会吸引其他人发生随大流的购买行为：这么多人都购买了它，它一定不会有问题。为了进一步刺激和引诱人的购买欲望，促销员还会时不时地善意提醒道：你在浏览的商品已经有多少人购买，存货所剩无几，要买尽快下手。这种稀缺感激发了人的危机意识，使人产生不安和焦虑，进入"预期后悔"的心理状态：我买这个物品并不是因为我真正需要这个物品，而是担心我没有买这个物品将来会后悔，这样一来当下的购买欲越演越烈！

虽然大脑有一套理性的决策机制来抑制购物的冲动，即若商品价格过高，购买就会耗费自己宝贵的资源，大脑的高级决策功能就会出来阻止，但是，看到商品的大幅折扣后，大脑会以为占了便宜，让人将注意力集中在自己省了多少钱，而不是商品的最终售价——最后一道防线被突破，下单，擒获商品。

物质带来的喜悦不持久

商品固然有其价值，但却没有一样商品能够带来持久的欢愉。那些"本来没想买，但这么便宜怎能不买"的商品，买到手的兴奋感往往只能持续片刻，一会儿可能就会变成"用不上之物"被束之高阁：有些衣服的吊牌从未拆下；有些食品直接放到过期；有些玩意儿你左右端详，仍然想不起当初为何会下单。

回想当初的疯魔态，为什么要买呢？因为深夜的人们肚子饿，分泌出一种名为 Ghrelin 的饥饿激素，这种饥饿激素不但会提高人们对食物的注意力，同时会对大脑施加影响，让人的购物欲大增。Gilbert 等（2002）验证了饥饿感与冲动购买行为之间直接的微妙联系——进商场前进过食的消费者购买"计划外商品"的比例远低于没有进过食的消费者。所以，陪女友逛街的男士，一定要先请女友吃饭。

生理上的饥饿令人购物欲望大增，心理上的饥饿也会导致类似的效应。笔者的一位朋友，有一段时间，没有出太多的科研成果，也无法申请晋升职称。在日常生活中，虽然她能够克制住自己的忧伤情绪，努力工作，但是，一旦到了节假日，她总是会购买一些"无用之物"，或一些奢侈品，来奖励自己过去一段时间内"徒劳无获"的经历。笔者的这位朋友，她的购物行为受心理上的饥饿驱使，这里，心理上的饥饿表现为对科研成果的渴望。但是，因为对科研成果的渴望而不可得，使得当时购物所带来的心理慰藉有可能转变为对冲动购物的懊恼。

若为他人买就更舍得

人有更强烈的为他人购买的意愿。感恩节之后就是黑色星期五，透支消费，或者买了平时根本不舍得消费的东西，这个时候会因过量购物而产生内疚感，而恰当的利他行为可以减少这种内疚感，所以很多消费者会在"双十一"增加利他行为。

进一步讲，利他的购物行为多发生在女性身上。宋京生教授分享的一个观察是，若是一个男孩子上街购物，多数时候他完成了为自己购物的计划后，就径直回家了。而若是一个女孩子上街购物，她会想着在给自己买东西的同时，还要给爸爸、妈妈及哥哥买个礼物，她希望把周围的人都照顾到。

利他行为不仅表现在为他人购物的行动上，还表现在为他人决策的行动上。Lu 等（2016）研究了存在两个促销期情景中的参与者的购买决策行为，研究发现，在第二个促销期中，相对于为自己购买决策的动机，参与者为他人作出购买决策的动机更强。在实验中，研究者要求参与者想象自己或者某位朋友正在考虑学习西班牙语。某培训班的原价是 1000 元，活动期间的优惠价格为 500 元，但是自己或者朋友错过了这次优惠，现在培训班第二次打折，价格为 800 元。参与者需要为自己或为朋友决定是否要报名参加该培训班。结果发现，为朋友决策的参与者倾向于推荐朋友抓住第二次打折的机会，而为自己决策的参与者倾向于放弃此次机会。研究者认为，为自己决策时，人们更加关注损失；而为他人决策时，人们更加关注获益。

无论你多理性，总有大脑一热冲动消费的记录。以下为反剁手妙计，拿走不谢。

第一，吃饱，保持精神抖擞，保证大脑有充分的自制力。

第二，带上购物清单抵抗囤货的心理安全需求和临时起意型冲动消费动机，每次想要买东西前，总会试着问三个问题："为什么想要？""要花多少钱？""它会让自己的生活更好吗？"有些东西经不住追问，有些则能经历这三重考验。而因为经过这个"追问仪式"，这样东西也会变得让人更为珍惜！当然这么做也是有成本的：失去了购物的快感。

第三，带上父母购物。在生活中，利他购买的对象多是年长的父母、长辈，那么由年长者带队或是全家集体购物时，发生冲动消费的比例则要远远低于年轻未婚的高收入成年人发生无计划消费的比例。带上父母一起购物，既可以增加家庭的亲密度，又可以减少非理性消费支出。

第六篇

决策中的人性之善

| 人人都有共情心 |

赢豫："您是怎样对利他、恻隐之心产生研究兴趣的？知道您在国内就读的师范大学，学校的校风校训皆要求学生平等地看待世间万物。"

宋京生教授："每个人认识世界的途径不同，在我的求学、工作过程中，我从来不认为无论是个人还是企业，都以自身收益最大化为唯一目标。帮助他人、帮助竞争者方是一种健康的生活、经营环境。"

赢豫："每年，您培养出来的学生，论文都写得很棒，怎么做到的呢？"

宋京生教授："每年，新入学的博士生来找我谈未来几年的研究工作计划，我都尽可能去听他们的想法，设身处地地依据他们的知识背景，为他们选择合适的研究方向，或推荐到更适合指导他们的教授之处，目的是为了帮助他们发掘自己的研究兴趣，以提升研究动力和潜力。"

赢豫："那么多学生找您，一一答应下来，如何应对的了？"

宋京生教授："的确如此，我的精力有限，对于学生，我只能说，先到先得，这段时间我只能做某个论文，帮助某个学生；若学生能等，我就把未来的某段时间预留给他。"

师生情

> 老吾老以及人之老，幼吾幼以及人之幼。
> ——《孟子·梁惠王上》

弟子问孔子："有一言而可以终身行之者乎？"

子曰："其恕乎！己所不欲，勿施于人。"

《孟子·公孙丑上》也记载："恻隐之心，仁之端也；羞恶之心，义之端也；辞让之心，礼之端也；是非之心，智之端也。"[①]

一个人的心被奴，才会发"怒"，若是心能自如，就会待人以"恕"了。所谓"恕""恻隐之心"都是表达一种共情心，见到别人痛苦，自己也会被情绪感染，跟着难过。己所不欲勿施于人，是共情心的精髓所在：用想象力把自己抽象出来，想想自己处于他人的境地，会发现那些令自己都厌恶的行为，同样令他人厌恶。

共情心不同于同情心

能够对他人产生共情心，是一种情绪感染能力。优秀的演员都具有这种能力：梁朝伟演绎的角色，无论是卧底、间谍还是情场浪子，都令观众随着剧情逐渐变得心潮澎湃；张学友出演的小人物，也是入木三分，非常接地气。

在电影《头脑特工队》[②]中，当冰棒的火箭被推下悬崖后，乐乐使用同情心的方式想让冰棒从悲伤中走出来："一切都会好起来的，我们会有办法。谁最怕痒了，挠痒怪来了。我们来玩个有趣的游戏，你指出火车站在哪里，然后我们一起走过去，很有趣对吧？"这些却没有发挥作用。而忧忧则选择了共情的方式："我很抱歉他们拿走了你的火箭，他们拿走了你最爱的东西，一切都无法

[①] 孟子：《孟子译注》，杨伯峻评注，北京：中华书局，2008年。
[②] 《头脑特工队》(*Inside Out*) 由皮克斯与迪士尼影业于2015年制作发行。

挽回了，你和茉莉一定有过很棒的冒险。"从而帮助冰棒从悲伤中解脱出来。

变色龙的共情心高

共情机制所引起的情绪感染，可以放大个体和群体的情感，并暂时影响每个个体的理性思维和行为模式。想象你站在人群中，打一个大大的哈欠，若他人也作出响应，就发生了"哈欠传染"。Chartrand 等（1999）的研究证明了上述推断。在第一个实验中，他们请参与者从一叠相片中选一些比较有刺激性的照片出来，同时坐在房间里的还有另外一个参与者，但他是由实验者假扮的。当真的参与者在选相片时，这个假的参与者故意做一些动作，如摸脸或抖腿，并且实验者把参与者的反应录下来。Chartrand 等（1999）经分析发现：参与者会不自觉地模仿那个假参与者的动作——如果假参与者在摸脸，真的参与者也会摸脸；如果假的参与者在抖腿，那个真的参与者也会抖腿。

在第二个实验中，Chartrand 等（1999）认为，"变色龙效应"的功能之一是希望增加他人喜欢自己的可能性。参与者还是被要求从一堆相片中挑出某一类作为心理测验的材料，房间中也有一个假的参与者，假装在做同样的事。这次的作业是要求真、假参与者轮流描述他们所看到的相片。在整个过程中，一些假的参与者不时模仿真的参与者的自发性姿势、动作和态度，另一些保持中立的姿势。等到报告结束后，要求参与者填一份问卷，问他有多喜欢另一个参与者（那个假的），以及实验流程如何，他与假的参与者的互动是否顺利。你现在可以预期它的结果了：参与者比较喜欢那个模仿他的假参与者，而且对两人的互动评语比那个不模仿、保持中立的高了很多。由此可以看出，在实际生活中，若你觉得很喜欢某个朋友，理由多是他和自己的脾气秉性相一致，也就是"变色龙效应"导致的。

Chartrand 等（1999）认为，一个人越是变色龙，就越有共情心，也就是说，通过行为模仿能够感受到别人的感觉，正因为能感受到别人的感觉，我们更能对他的情绪状态作出反应。这个实验的流程跟第一个实验一样，假的参与者要不然摸脸，要不然抖腿，唯一不同的是，参与者要填一份问卷来回答他关于共情心的倾向。结果发现，他们的模仿行为和共情心有很高的相关性，参与者越不自觉地模仿假参与者摸脸或抖腿，他越是一个有共情心的人。

Platek 等（2003）通过研究哈欠的传染性，也证明了上述结论。他们让参与者观看了一段人们打哈欠的录像，结果有超过 40% 的参与者会随着屏幕上的人一起打哈欠，而在这些受传染的参与者中，有 60% 的人不止打一个哈欠。随即研究人员让这些受传染的参与者接受共情能力测试，发现他们的分数都非常高。①

镜像神经元和催产素催生共情心

引发共情心的生理因素之一，是人的大脑皮层有一种梭形的神经细胞——镜像神经元。这种神经元在人看到或者听到某种动作时被激活，促使人像照镜子一样，模仿刚才那个动作。这种梭形细胞广泛存在于高级哺乳类动物的前扣带回和额岛皮层中。

在动物世界中，人类的镜像神经元最多，与人类亲缘越近的大型猿类的镜像神经元越多，反之则越少。Campbell 等（2014）研究了两群黑猩猩，他们让每只黑猩猩都看上 20 分钟的电视影集，里面全是其他黑猩猩在打哈欠的镜头，结果发现：比起看到电视上不熟识的黑猩猩打呵欠，黑猩猩更容易因为看到电视上认识的熟面孔打哈欠而打哈欠。Romero 等（2014）观察一个狼群，当一只狼看到另一只狼打哈欠时，它有 50% 的概率会跟着打哈欠；但如果没看到，自己打哈欠的概率就只有 12%。

这种先天的"感同身受"的共情心，与后天的教化无关：饱读诗书之士有之，大字不识的草民有之，与人类相近的黑猩猩亦有之。

引发共情心的生理因素之二是催产素。相对于男性，女性拥有较高水平的催产素。因为女性没有男性那么大的权力，女性需要时刻关注周围人的情绪变化，要本能地去避免人与人之间的相互伤害；也要让自己更易觉察到他人的情绪和目的，从而判断一个男性在将来是否会有暴力倾向，是否会对孩子撒手不管。Singer 等（2006）让一群人玩一个投资游戏，每个人都可以给其他人一定数额的金

---

① http://psychology-tools.com/empathy-quotient/［2016-11-24］。

钱，而接受金钱的人有权决定抽出多少利润返还给投资者。研究者在这群人中安插了两个内线：一个扮演"公正者"，慷慨大方，总是给合作者很公平的回报；另一个扮演"骗子"，小气吝啬，总是给合作者很少的钱，甚至不给。游戏结束后，两个内线按计划受了点皮肉之苦——遭受轻微的电击，并自然而然地作出痛苦的反应，不知情的其他人目睹了这个过程。公正者的痛苦引发了大家的共情心，但是当看到骗子受苦时，男女的反应有所不同，男性都产生了报复的快感，而绝大多数女性依然对其报以共情心。

人人愿意为共情心埋单

人们愿意付钱或采取各类行动来表达对共情心的喜爱。Van Baaren等（2003）发现，促使顾客支付更多小费的法子，是对顾客学舌，也就是说，餐馆女招待充当顾客的"回音壁"：只是把顾客点的东西复述出来，而不是仅仅说"没问题""马上来"，她们就会得到两倍的小费。也就是说，餐馆的招待生应该更加关注如何改善顾客的心情，与他们建立一种和谐的关系，而不是仅仅提供细致且技术正确的服务。

在生活中，这个道理同样适用。越是和睦的夫妻，看起来就越相似。夫妻的婚姻质量越好，夫妻面孔的相似度就越高。这是因为爱、分享、一起生活使夫妻之间越来越像彼此，配偶变成另一半的自己。相反，Cole等（2009）在研究脸的差别的主观效应时，发现有"脸型消失的后果"现象，患有默比尔斯症候群的患者无法移动脸上的肌肉，这些人不但无法对人说出他的感觉情绪，同时也无法了解别人的情绪。

星巴克发起的"让爱传出去"（Pay it forward）的活动——任何人都可以买一杯咖啡并挂在墙上，以送给后来的陌生人，是在默默地表达着：人的所有决策不仅仅是为了更好地掠夺资源、为自己而活，共情心不会像尾巴一样退化掉，人若是缺少了共情心，全都性格孤僻、离群而居，那么生存下来的可能性就会大打折扣。

"己所不欲，勿施于人"的"共情"使得人类能在身处绝境时互相扶持，以避免灭绝。

感同身受

这是听过的最美的关于文身的故事：

文身店的师傅："为什么要在胸口文一个伤疤呢？"

两岁孩子的父亲："是这样，我儿子两岁，刚做了心脏手术，胸前有刀口的印子。我也打算文一个伤疤在胸前。虽然他现在不懂，但是大了说不定会自卑。所以我文一个陪他。可以文吗？"

文身店的师傅："可以文，而且尽量给你文得一模一样。"[1]

---

[1] 父爱如山！儿子心脏手术留伤疤 父亲纹身陪伴他，苍穹网，http://www.milether.com/shehuiredian/88924.html [2016-08-28]。

感同身受

> 我知道你很难过，昨天是恋人，今天说分手就分手，别问你的痛要怎么解脱，多情的人注定伤得比较久。
>
> ——歌曲《我知道你很难过》[①]

耳畔听着《我知道你很难过》，联想到了人人都具备的感知他人情绪的能力。

但是，感知他人情绪的能力水平的高低却受到个人财富、社会阶层、专业背景、性别、经历的影响。

财富水平越高的人共情心越低

《孟子·尽心上》云："古之人，得志，泽加于民；不得志，修身见于世。"学者却要说，当一个人的财富增加时，他的共情心下降，优越感增加，更注重个人利益。

Stellar 等（2011）发现，穷人比中产阶级或富人更易察觉到他人受的苦难，更易表现出共情心。这并不是因为上层社会的人冷酷无情，他们也许只是没能那么快地察觉到他人的苦难，因为他们在自己的生活中从不需要去应对这么多的阻碍。而处于下层的人，需要习惯性地依靠其他人，彼此取暖，需要习惯性地对一些弱势和来自社会的威胁作出反应，而这也使其对情绪变得敏感。

也就是说，如果你想要得到理解和支持，相比富人，更可能从穷人那里得到。为了验证这个推断，Piff 等（2012）招募了 100 多对陌生人到实验室，通过投掷硬币的方式，随机选定一对中的一个作为这个游戏中占上风的玩家，他们拿到了两倍的钱，并且可以同时掷两个骰子而不是一个。

随着游戏的进行，可以看到富玩家们表露出更多的"霸主"信号。随着游戏继续进行，富玩家开始对另一个玩家表现得不友好，

[①] 歌曲《我知道你很难过》，蔡依林演唱，胡如虹作词，叶良俊作曲。

对那些可怜玩家的贫穷困境越来越不敏感，开始越来越频繁地炫富，更喜欢展示他们正在做的一切。当游戏快要结束，富玩家谈论他们在这个被操纵的游戏里面为什么获胜的时候，他们更多地提到了自己为了买到不同地产和赢得游戏所做的努力，而忽略了这个游戏一开始的不同形势，也就是投掷硬币随机决定了他们哪一个获得优势。

Piff 等（2012）的实验，通过给予参与者不同的钱数，操控出实验中的富人和穷人；其实，实验中的"富人"本来就是穷人，穷人拿上一点钱，在行为决策方面就神气得不行了。在现实中，相对于穷人，富人是否真的表现出较少的对他人的共情心，还有待进一步研究。

曾经有过类似经历的人未必对正在经历的人有共情心

之前曾经有过类似经历的人，对现在正在经历的人没有太多的共情心。这是因为人们常常无法记得当下被欺负或受苦的心境和感觉，再者，克服困难的人往往会把这些苦痛视为人生必能征服的课题。Ruttan 等（2015），发现，最没有共情心的人，是曾有过一样经历的人；并且这类经验丰富的人，往往对无法克服困难或临阵退缩的人有极大的批判。他们考察成功挑战过跳进冬天冰河的人对那些因为怕冷而不敢跳的人有什么感想时，发现挑战成功者并不同情临阵退缩的人。他们还发现，有被欺凌经历的人特别能体会成功克服被欺凌梦魇的人的心境；当他们看到无法克服被欺凌经历的人时，反而无法产生共情心。

提高共情心的方式之一是与他人实时共享经历

模仿是最真诚的恭维，共同吃同样的食物，有助于人们彼此间的感同身受。在第一次约会时，若想让对方喜欢上你，秘籍就是和你的约会对象点相同的食物。Woolley 等（2016）认为，食物有助于人们共同工作，有助于人与人之间建立信任。他们做了三个实验，在第一个实验中，将两个彼此陌生的参与者组成一组，看其中一个参与者是否愿意将钱（这个钱是研究者给他的，不是自己的钱）交给对方，让对方进行投资。研究者已经告知过出钱的参与者：对方保证过，双倍返还投资资金。出钱的参与者需要决定出多少钱给对方投资，以及在交易完成后是否给对方一些报酬。实验组和对照组的区别就是：实验组的参与者在作出决策前，研究者给了他们相同的糖果，但是对照组的参与者在作出决策前，研究者给了他们不同的糖果。

结果显示，实验组的参与者更加信任对方，会给对方更多的钱进行投资。为了进一步验证实验一得到的结论，即选择相同的食物会增加人们之间的信任，在第二个实验中，依旧是将两个彼此陌生的参与者组成一组，不过这次是让两位参与者进行一次与工作有关的协商洽谈。在这次实验中，研究者给实验组的参与者吃相同的食物，而给对照组的参与者吃不同的食物。结果和实验一相同，实验组的参与者获得更多信任，并且协商一致所用的时间是对照组的一半。

第三个实验的目的是验证不仅仅是因为"相同"导致了实验结果，而是"食物的相同"导致了实验结果。在第三个实验中，不再是吃糖或者吃食物了，研究者给实验组的参与者穿相同颜色的衬衫，而让对照组的参与者穿不同颜色的衬衫。结果发现，实验组和对照组之间的差异不显著，也就是说，不论衬衫颜色一样还是不一样，都不会影响参与者的投资和协商。

提高共情心的方式之二是表达歉意

Brooks 等（2013）发现，在进行人际互动时，一旦察觉对方可能感到不舒服，及时向对方表达歉意，会得到意想不到的效果。例如，对天气不好、交通阻塞或无法立刻满足他人期待等不是自己过错的事情表示歉意。

这招用在西方人身上同样管用，但成功有几个前提：首先，这类道歉所展现的频率不能过高；其次，道歉时的情绪表达必须让人感受到真诚；最后，接受这类道歉人的性格不能过于以自我为中心，否则还真的会把过错都推到道歉者身上，甚至再数落一番。换而言之，当面对自私自利的人时，展现这类客套式的道歉只会自讨没趣。

提高共情心的方式之三是多吃鱼、鸡蛋、大豆和牛奶

左旋色氨酸是一种广泛存在于鱼、鸡蛋、大豆和牛奶等食物中的氨基酸，补充左旋色氨酸可以提高人体血浆中左旋色氨酸的水平，并影响大脑中血清素的合成。血清素是一种非常关键的神经传递素，其水平的高低可以影响人的行为。血清素水平的下降，可能会引发焦虑、抑郁和攻击行为；而其水平的提高，会促进人们的亲社会行为，如合作和从属等。

Steenbergen等（2014）招募了32名健康的学生作为参与者，然后将他们随机分为两组。其中一组口服0.8克左旋色氨酸（大概相当于3个鸡蛋中所含的左旋色氨酸的量），另一组服用0.8克微晶纤维素（一种中性的无效对照剂）。服用前和服用一个小时后，研究者分别对每位参与者的情绪状态、心率、血压等各项指标进行了检测。接着，参与者参与了一项30分钟的注意瞬脱训练（训练要求参与者识别屏幕上连续且快速呈现的两个目标，该训练其实与研究目的无关）。之后，参与者得到了10欧元的报酬，然后研究人员问参与者是否愿意将他们的部分报酬捐给慈善机构，如果愿意，可以将钱放进桌上的4个捐款箱里（分别属于联合国儿童基金会、国际特赦组织、绿色和平组织及世界野生动物基金会）——参与者事先并不知道，慈善捐赠任务也是该次实验的一部分。

结果与研究人员预期的一样，服用左旋色氨酸的参与者比服用安慰剂的参与者捐出的钱更多。而参与者的情绪状态、心率、血压等指标在服用左旋色氨酸或者微晶纤维素前后并没有明显变化。

如果一个人能站在他人的立场设身处地思考问题，便可成仁。

偏爱公平感

孟非:"假设有两个商品,有一件衣服100元钱,你知道它的进价10元钱,他卖你100元,但是这件衣服你非常喜欢,你穿着会特别帅,你自己也特别喜欢。旁边有一件衣服,你知道它的进价是90元,卖你100元,他挣你10元,这件衣服呢,也能穿,过得去,马马虎虎。你选哪一件?"

男嘉宾:"我选那个进价90元的。"

孟非:"就是这件衣服看上去普普通通,那一件衣服你特别喜欢。就是你宁愿不要那个特别喜欢的,就要那个不怎么样的?"

男嘉宾:"对,因为我心里面比较纠结……"

孟非:"你不是为自己买东西,你是为了给人找不痛快。"

黄菡:"有的人买东西的时候,就算合算不合算,有的人是说合意不合意。你是那个要合算的,宁愿不合意。"[1]

---

[1] 江苏卫视《非诚勿扰》2013年3月第3期,第二个男嘉宾访谈情况。感谢郭晓朦助理教授提供此视频信息。

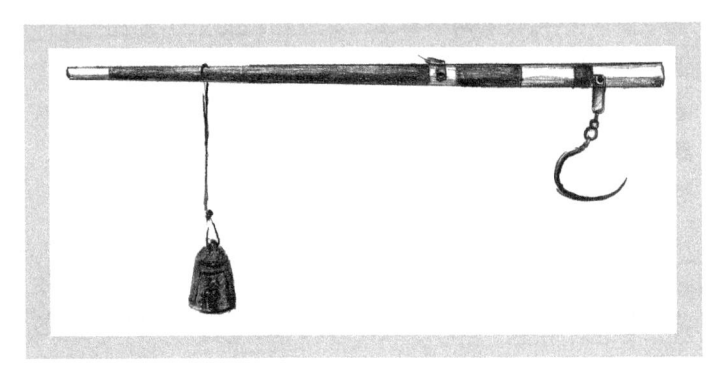

不患寡而患不均（朱颖弢）

> 丘也闻有国有家者，不患寡而患不均，不患贫而患不安。
> ——《论语》

"**经**济学之父"亚当·斯密的《国富论》广为人知，但人们对他的另一本著作《道德情操论》则知之甚少。坊间流传的一碗鸡汤大意是，亚当·斯密写了《国富论》之后，认识到自私逐利的局限性，良心发现，又写了《道德情操论》教诲人们要讲道德——这是不可能的，因为《道德情操论》著于 1759 年，而《国富论》著于 1776 年。

即便弄清了出版的先后次序，由于前者着重讨论人的同情心，而后者意在强调人的自利，因此《道德情操论》常被认为是与《国富论》相互矛盾的作品，即产生了所谓的"亚当·斯密难题"。这个难题实际上并不存在，人的仁爱同情心和自私自利心看似水火不相容，却是每个人都具备的，两者兼容自洽，并能解释市场与道德互助互进的道理。

公平感是不患寡而患不均

人类的种种行为经常被解释为自石器时代出现在非洲大草原上，历经演化过程，千锤百炼之后所造就的固定模式。其中，人与人之间的"不患寡而患不均"，就源于对"公平"的追逐。

公平感引发的厌恶分为对于自己所得少于他人的厌恶，以及对于自己所得多于他人的厌恶。人类对少的厌恶在童年早期就会出现而且会一直持续，但是对多的厌恶的情绪是在童年晚期才出现的。Blake 等（2015）招募了 866 对年龄为 4~15 岁的儿童，研究公平感的出现时间，这些儿童分别来自 7 种不同的文化背景：加拿大、印度、墨西哥、秘鲁、塞内加尔、乌干达与美国。研究发现，当自己获得的比其他人少时，所有社会文化中的儿童都表现出厌恶情绪，但是开始的年龄段不同，这意味着文化因素会影响公平感的形成。相比之下，面对自己比别人获得多的厌恶出现得很晚，并且仅在3种社会文化中出现：美国、加拿大和乌干达。

不公平贸易普遍存在

低批发价和高零售价是造成咖啡不公平贸易的直接原因，作为咖啡的发源地，埃塞俄比亚出口的咖啡豆数量持续增长，但咖啡豆的出口价格却不断下滑，令种植咖啡豆的当地农民破产。与其形成鲜明对比的是，咖啡豆却为零售商带来了丰厚利润。面临同样问题的还包括棉花、玉米等发展中国家出产的农产品，以及纺织成品、鞋等低附加值的商品。由国际公平贸易标签组织、国际公平贸易协会、欧洲世界商店连线及欧洲公平贸易协会创立的"FINE"[1]，旨在激励供应链上的核心企业关注交易中的公平性。[2] 该协会为参加公平贸易的产品背书，以期提倡劳工、环保及社会政策的公平性。[3]

譬如，公平贸易组织发起的公平咖啡活动，促使咖啡零售商关注种植咖啡豆农民的利益；中国婺源县大鄣山有机茶农协会所产的绿茶，参加公平贸易认证，从而从零售商处获得较高的收购价格[4]；可口可乐公司发起"水资源回馈"活动，致力于保障地方水厂与可口可乐饮料罐装厂间的利益分配。

---

[1] FINE 是由国际公平贸易标签组织（Fdirtrade Labelling Organizations International）、国际公平贸易协会（International Fair Trade Assocration）、欧洲世界商店连线（Network of European Worldshops）及欧洲公平贸易协会（European Fair Trade Associatorn）四个组织所构成。

[2] Andrew Allen. More than 160 food firms sign up to supply chain fairness, http://www.supplymanagement.com/news/2015/more-than-160-food-firms-sign-up-to-supply-chain-fairness-initiative［2016-10-01］。

[3] William Neuman, "A Question of Fairness", New York Times, 23 November 2011, http://www.nytimes.com/2011/11/24/business/as-fair-trade-movement-grows-a-dispute-over-its-direction.html?pagewanted=all, accessed 2 August 2013［2016-10-01］。

[4] 张雯，公平贸易认证让中国茶叶身价提升，http://epaper.comnews.cn/news-27936.html［2016-10-01］。

无论黑猩猩还是人都偏爱公平感

无论是黑猩猩还是儿童,其行为均与最后通牒实验中成年人的行为完全相同。Proctor 等(2013)让 6 只成年黑猩猩及 20 名 2～7 岁的儿童做最后通牒实验:一名提议者向另一名响应者提出一种分配资源的方案,如果响应者同意这一方案,则按照这种方案进行资源分配;如果不同意,则两人就会什么都得不到。

在实验中,不直接分配食物而是需要用筹码来换取食物。提议者在两种颜色的筹码中二选一,然后在响应者的帮助下得到奖品(黑猩猩和儿童的奖品分别是食物和贴纸)。一种颜色的筹码代表公平的分配,即双方可以得到的奖品完全相同;另一种颜色的筹码则代表非常不公平的分配,即绝大多数的奖品归提议者。实验中,提议者需要将筹码交给响应者,由响应者来兑换奖品。因此,响应者可以非常容易地通过拒绝把筹码交给实验员来拒绝不公平的方案。研究发现,黑猩猩、儿童对公平的追求,与成年人类没有本质差别。

不同人的公平感也存在差异

公平感的存在并非天经地义。人们可能对自己生活圈子里的人具有公平心,但对于生活圈子以外的人可就不一样了。原始部落之间存在相互掠夺、杀戮。随后,事态有了转变,到了现代社会,昔日仅限于邻里、亲戚之间的善意,也在陌生人的社会里流行开。我们或许有过类似体会,清晨跑步时给擦肩而过的陌生人一个微笑;出门办事,排队时会和前后排的陌生人简单、亲切地聊上几句。

宗教信仰越高,公平感越高,Henrich 等(2010)验证了这一推测。他招募了 2000 多位参与者,玩 3 种游戏。

第一个是"独裁者游戏"。参与者得到一日所得,然后他要分钱给第二个人,分多分少完全随他的意。两个人都是匿名的,所以单纯就自利的角度来看,其没有理由分钱给第二个人。

第二个是"最后通牒游戏"。首先,第一个人得到一日所得,然后他要分钱给第二个人，分多分少完全随他的意；其次，第二个人决定是否接受第一个人所给出的分配方案。如果他拒绝的话，两个人一分钱都拿不到。因此，自利主义会让第二个人接受任何金额，即使钱少得可怜也拿。

第三个是"外力惩罚游戏"。有第三个人可以拿到一笔钱，这笔钱他可以自己留着，也可以在第一个人对第二个人不公平时，拿出来惩罚他。因此，自利主义会让第三个人留下这笔钱，根本不会用来惩罚任何人。

实验表明，越是经常参与市场交易与宗教活动的人，越是愿意与他人分享钱，也越是愿意惩罚自私的参与者；并且，相对于宗教信仰对参与者如何对待他人产生的影响，参与市场活动的影响更大。

不公平感受触发报复行为

Raihani 等（2012）让参与者两人一组，给他们一点钱。小组中一个人可以从另一个人那里拿既定数额的钱，也可以选择不拿；之后另一个人要以一定的成本（他自己的钱）让他的对手失去更多的钱。A 可能会收到 10 美分、30 美分、70 美分，B 总是收到 70 美分；A 被允许从 B 手中拿取 20 美分；最后，B 可以让 A 失去 30 美分，但是要付出 10 美分的代价，换句话说，这么做他也有损失。

这个实验的关键点是，在 A 收到钱的 3 种情况中（A 收到 10 美分、30 美分、70 美分），如果 A 决定从 B 手中拿钱，B 都要承受相同的绝对损失；但是在第一种情况下，如果 B 选择不报复的话，B 的钱依然比 A 的多；在第二种情况下，B 的钱和 A 一样多；在第三种情况下，B 的钱会比 A 的少。实验结果是，在前两种情况下，15%的参与者 B 在钱被拿走之后选择报复。但是，在第三种情况下，超过 40%的参与者 B 在钱被拿走之后选择"报复"——这样做结果仍然是 A 的钱多（60 美分），这表明真正激起人们报复心的原因不是钱被拿走，而是钱被另一个人拿走之后，这个人变得比受害者更有钱。

总的来说，公平并非天然地完全由生理层面的基因决定，还受到个体所处的社会、经济、文化环境的影响。

从私有到共享

家住曹杨街道兰岭园的王老伯几天前不小心摔了一跤，右腿轻微骨折，想买对新拐杖但又舍不得。他在小区设立的"同心巴士中转站"看到，刚好一个邻居有闲置的拐杖可以借用，于是按图索骥找到这户人家，借到了拐杖。

楼梯凳、缝纫机、轮椅……这些看似不起眼的东西，一旦有急用的时候难免会让居民抓狂。为此，兰岭园设立了闲置物品"中转站"，参与家庭可将自家闲置的物品明示，解决其他居民的"燃眉之急"，以实现小区的共享互助。

兰岭园是一个超大型老式小区，居民以老年人为主。在小区的"久龄家园"活动室一楼，醒目地张贴着一张名为"兰岭号"的"同心巴士中转站"地图。地图上标注了小区的示意图和楼组号，在一些楼组号上，张贴着一个黄色或绿色的圆形卡通标牌。标牌上的图案各异，并写着一个门牌号。[1]

---

[1] 李晓明，探普陀兰岭园社区共享模式：闲置物品免费借，解放网，http://www.jfdaily.com/shizh/new/201607/t20160701_2331929.html［2016-07-01］。

同心巴士

> 不在乎天长地久，只在乎曾经拥有。
> ——铁达时手表广告语

从所有权到享用权的转变，对企业如何处理其与能源和自然的关系产生了影响。正如 19—20 世纪人们努力获取财产权一样，21 世纪的个人和集体正在努力获取"共享权"。当"共享"被高频率提及并研究时，隐含的问题是资源紧缺。资源紧缺能够激发出新的商业模式，人类文明就是这样一点点累积起来的。

处处皆共享

在实践中，互联网技术使得交易成本大大降低，并极大地减少了道德败坏行为，使得陌生人之间共享汽车、房子等成为一种可能。在学术会议中，关于共享经济的报告，关注的是共享电钻、自行车、汽车、农田和房子等，听起来，共享模式似乎无所不能，很是新奇。

产品共享服务模式影响产品的生产商、使用者，及其他相关利益者的决策。Jiang 和 Tian（2016）举例道，如果一个人选择在工作日坐公交车去上班，而在周末去消遣。那么，在没有汽车共享服务时，这个人可能不会去买车。但是，若存在汽车共享服务，这个人就可以考虑买一辆车了，因为当自己不用的时候，可以把车租出去赚一些外块。他们分析了企业针对消费者的产品共享行为，发现相对于不存在汽车共享服务，存在汽车共享服务时，消费者有可能获得更高的效用，而厂商可以赚取更多的利润。

可以看出，适合共享的产品或者服务有一些共性和特征。第一，从产品价值上看，能参与共享的产品购买价格较高，而短期内的使用价值较低。在房屋，汽车等较昂贵的耐用品的消费上，短期内的使用价值远远小于购买价格，自然而然地促进了产品共享的发展。第二，从时空限制上看，共享更强调利用产品的"闲置时间"与"闲置空间"。以交通共享为例，在日常生活中，大多数消费者购买汽车后，每天真正用车的时间不会超过 3 小时，而在开车时，车上往往都不是满载。第三，从与互联网结合的程度上看，与互联网结合越紧密的行业或产品，越可能参与共享经济。房屋租赁巨头 airbnb 是从网上房屋中介网站逐渐发展而来的，知识共享服务提供商"知乎"就是脱胎于各大网络论坛的问答板块。

小额金融贷款互助体系是共享

金融领域中的共享，以一种比较高级的形式存在——小额金融贷款互助体系。这种形式强烈依赖于互助系统内部成员的信任程度。曾听到一名温州籍的金融学者说道："小时候，和众多表兄妹利用春节压岁钱形成互助体系，帮助实现当初奢侈的梦想。"蜕变到运作领域，则是众筹的形式，崔海涛教授曾经在朋友圈开玩笑说计划去旅游但没有钱，要进行众筹，然后一路通过发送广告、携带小礼品的形式回馈，果真见效，实诚的朋友立刻转账过来，可见，众筹已深入人心。

共享思维体现在企业运作中

运作领域中的"共享"，最初并不直接涉及终端消费者，而是企业与企业之间的一种协调方式。最经典的行业是碟片租赁，高昂的前期投资使得后续碟片的租赁价格居高不下，聪明的租赁商想到了收入共享的方式，激励碟片发行商提供丰富的产品供应。随着这个行业的衰败，收入共享也不大被人提及了。图书领域的版税，是另一种形式的收入共享，不过，作者总是处在信息的劣势地位，所谓版税分成，形同虚设。曾经有记者问到莫言，如何看待其著作在东南亚某个国家盗版横行，莫言以一种无奈而又坦荡的语调回应道：这个国家没有加入国际版权公约，无法制约，不过，作品能够有更多的读者，也是一件幸福的事情。现在，基于 Kindle 的电子书，接受度逐年提高，作者的谈判地位更是越来越低了。

与共享比较接近的运作概念是"柔性生产系统"和"库存混合"。前者是指在生产环节，实现多品种、小批量的生产，汽车制造业是典型个案，农业中的多样化种植也是如此；后者是指在销售环节集中管理以应对多地点的需求不确定性，也逐渐被加入了营销的因素，分析基于概率性产品的库存混合策略。

说到"概率性混合产品"，听起来似乎是一种高端的商业模式，但其实在酒店和航空业的收益管理实践中早已被采纳，只不过用的是一个近似的词——"免费升级"。前者把"免费升级"作为一种有价物品进行销售，而后者把"免费升级"作为一个免费的、概率性的神秘礼物送给消费者，略有差异。笔者在学术会议上遇到潘霞君教授和郑权博士生，他们已经开始基于租车行业研究类似的问题，期待有好的结果。

共享机制需要信任保证

在西方，基于信用卡的个人公民信用体系的建立，最大限度地降低了道德败坏行为；在中国，人民代表大会上，一位人大代表提案建立个人信用档案，想法很棒，可惜却没有什么切实的执行性，庙堂之上，不了解世俗社会运作的机制，终究成了一个闹剧。

在中国没有"信用体制"保驾护航的条件下，共享的旋风能席卷的第一个对象便是非营利性的教育机构，包括南京大学在内的多所高校积极鼓励教师开展 MOOC 课程，其目的在于通过在线课程共享构建学校的学术声誉，从长远的收益看，是一种"免费+增值收费"的方式。

在美国，共享的旋风首先席卷的对象是个人持有价高、使用频率不高的物品。聪明的研究者正在研究以下问题：如何构造一个平台，向供需双方收取合理的费用？如何设计最优路线，完成共享物品的调度？如何设计价格，使得多方获利？究竟哪一个问题点最受企业界关注，或者最能够影响"共享"商业模式的发展前景？尚无定数。因为无论共享什么，都是为了更经济地生存下去。

但是"信任"是一种软环境，只有人类社会的经济和道德均发展到某种程度，共享的模式方能扎根，进而为社会服务。

有人说，相比较而言，中国人没有信仰，没有"教堂"这类东西，很难建立人与人之间的信任，但是，回首五千年的历史，中国的儒家文化中各种社会规范齐全无比：三立、四德，只要把曾经被打碎的文化重新拼接起来，"信任"的软环境便不难恢复。另外，淘宝上的评价体系、大众点评网，都是试图构建一种商业机制，提升陌生人之间的相互信任度。

利他者也需自利

对政府来说，不仅要走出"扶贫等于救济慈善"的误区，还要支持群众探索创新扶贫方式和方法；不仅要帮贫困群众解近忧，还要为他们想长远。贫困群众最缺的是文化和技能，要有针对性地送政策和知识下乡，送技能上门，增强其发展生产、转移就业的能力；贫困群众有需求的扶贫项目，要创造条件，支持开发。如此，才能彻底改变那种"靠着墙根晒太阳，等着别人送小康"的状态。

没有脱贫志向，再多扶贫资金也只能管一时，不能管长久。好的政策和制度，不只是解贫困群众一时之困，还要让他们看到凭自己的努力站稳脚跟的希望。好日子是干出来的，牢牢记住这一点，拿出滴水穿石的斗志和韧劲，找到精准扶贫的路径，才能打赢这场脱贫攻坚战。[1]

---

[1] 刘成友：《摒弃"等人送小康"的脱贫心态》，《人民日报》，2015年12月15日。

利他还是害他

> 利他是最好的利己。
> ——施振荣[1]

不求回报的慷慨是人类最罕见和最值得珍视的行为，因而常常受到人们的称赞和社会的褒奖。

纯粹的利他多由个人完成

从个体角度看，所谓善良是指心地端正纯洁，没有歹意邪念，与善良相关的概念是美德、仁慈、利他人格、道德人格等。在西方文化背景中，人类善良、怜悯和仁慈的完美化身是特蕾莎修女[2]。2016年12月上映的电影《血战钢锯岭》，反映的是一名普通士兵在残酷战场中所表现出的善。该故事改编自一个人的真实经历，这个人是第二次世界大战中的美军二等兵军医戴斯蒙德·道斯，他因为在冲绳岛战役中勇救75人生命而被授予美国国会荣誉勋章，同时也是首位获此荣誉的、在战场上拒绝杀戮的医疗兵。

在中华文明背景中，中华民族的社会表征是"勤劳善良"，《三字经》开篇云"人之初、性本善"，是想说最初一念是本心，而本心是善良的。但是，在面临决策时，若人犹豫不决，就可能出现私心；这是钱穆[3]在《论语新解》中所言的"事贵有刚决，多思转多私，无足称"。Rand等（2012）也指出："人的自发的决策是给予，若考虑再三后方做决策，那就可能出现贪心了。"

---

[1] 施振荣（Stan Shih，1944年12月18日— ），台湾彰化县鹿港人，宏碁集团创始人。
[2] 特蕾莎修女（英文名：Blessed Teresa of Calcutta，1910—1997）是著名的天主教慈善工作者，于1979年获得诺贝尔和平奖。
[3] 钱穆（1895—1990），江苏无锡人，历史学家、思想家、教育家，毕生弘扬中国传统文化。

免费慈善伤害社会总福利

Milton Friedman[①]说，以盈利为目的的企业应当把慈善、利他这一块留给私人去做，因为企业是通过利润最大化来履行其社会责任的，任何偏离股东财富增值的活动实质上都是对社会的不负责任。免费公益或慈善的存在，极大地伤害了社会总福利。原因有如下三点。

第一，使得服务者和被服务者错位。不要求从所服务的对象那里获取回报，即处于中心地位的是服务的提供者而不是被服务的对象。服务提供者从事利他的事情，往往是为了满足自己的马斯洛需求[②]中的最高诉求——道德需求，或者是为了实现自身既定的某种理想，以此获得精神收益，所以，其行动方式的设计通常不是以服务对象的各种需求为核心，而是"我要去做什么事""我想去做什么事"。陈光标撒钱的行为，可以佐证。

第二，缺少了市场价格的引导信号。缺乏边际成本与边际收益的对比信息，不仅会给施惠者分配资源造成困难，也会给受惠者使用资源造成困难。如果是免费得到的东西，即付出的边际成本为零，对它的任何使用其收益都为正，穷人就难以确保最有效率地使用这种稀缺资源。这样一来，就会面临需要帮助的人太多而手上的资源太少的窘境。

恰如俗话所言"有付出才会珍惜"，免费的事物还易造成浪费。对于中国贫困县的选拔，全国想要得到这种扶植的地区可能不计其数。这些潜在的竞争者各显神通，动用舆论或政治资源，或是伪造数据、贿赂评委等。这些消耗对每个地区而言有利可图，但对社会显然是无益的，而且其成本高昂，甚至很可能超过将发放的免费资金总额。交换的价格是高是低没有关系，最重要的是保证双方受益。因此，中国的扶贫基金会或许要改变一下工作思路。

[①] Milton Friedman（1912年7月—2006年11月），美国经济学家，以研究宏观经济学、微观经济学、经济史、统计学及主张自由放任资本主义而闻名。1976年获诺贝尔经济学奖。

[②] 马斯洛需求是由美国心理学家马斯洛（Abraham H. Maslow，1908—1970）所首创的一种理论，他认为人的需要从低到高有五层：第一层次，生理上的需求；第二层次，安全上的需求；第三层次，情感和归属的需要；第四层次，尊重的需要；第五层次，自我实现的需要。

第三，不能为自身发展提供必要资源。当商业在"空间可见、时间可限"的情况下时，利他即自利，两者的矛盾并不突出。亲缘利他是基于亲缘关系或者小范围的协作关系，准时制生产方式正是强调原料供应商与生产商之间可以彼此牺牲一些短期利益，以维持长期的关系。当活动超过"空间可见、时间可限"的时空局限时，利他的回报越来越不可靠，利己的收益则近在眼前。因此，穷人或小企业更需要的是有效率的商业，而不是低效的纯粹利他，这样才不会陷入"扶贫扶贫，越扶越贫"的恶性循环。

参与利他行动的企业也需获利

利他的可持续发展需要再生机制，按照市场的逻辑来运作。人们一面享受着发达的商业市场所带来的富足安逸的生活，一面痛骂着商业和商人，从而占据道德的制高点。其实，利他的行为需要企业参与，也有越来越多的企业开始做善事，赞助本地的文化和教育事业。在深圳大学，到处都是腾讯公司的捐赠，马利军教授说深圳大学正门入口的四棵金贵的树，是他公司赞助的，宝马撞上就是宝马倒霉。

Insead[①]商学院的毕业生 Sameer Hajee 创建的 Nuru 能源，2009年在卢旺达创办，旨在为世界上最贫穷地区的人提供清洁、安全、成本低廉、利用脚踏充电的照明系统。其经营模式是：以不高于成本的价格向乡村代理商出售或出租照明灯和充电器，乡村代理商向最终用户出售或出租照明灯，并不时为照明灯用户提供按量收费的充电服务；Nuru 能源则从代理商的充电费收入中提成若干个百分比作为其利润。充电费由安装在充电器上的一个仪器来计算，相关的数据可以在世界任何地方通过一台线上计算机读取。

在印度，每 15 分钟就有一个小孩死于腹泻或肺炎，单单是洗手这种行为，就可以使因腹泻引起的死亡率降低 45%，对于肺炎，则是 23%。2014 年，联合利华为印度中央邦（位于印度中部，约 5500万人口）学校的孩子开设学习洗手的课程，让在校学生把在课堂里学习的洗手方面的知识带回家，同时教会他们的父母。截止到

---

① Insead 是主校区位于法国巴黎的商学院。

2015年年底，该公益活动已为10亿人普及关于洗手方面的知识。随着此公益项目的进展，将同时拓展印度市场对肥皂的刚性需求，带来更多潜在的商业利益。卖更多肥皂不仅可以确保公司盈利，还能促进公共健康。

因此，商业才是最大的公益。正是基于表面利他的商业，公司才能通过服务于他人、服务于全社会的共同利益，从而获得最大的商业回报。

参 考 文 献

德瓦尔. 2014. 黑猩猩的政治：猿类社会中的权力与性. 赵芊里译. 上海：上海译文出版社.

兰天，叶勇豪，王治国等. 2014. 重新定义"门当户对"择偶观的内涵：来自网络交友平台的证据.全国心理学学术会议.

王智波，李长洪. 2016. 好男人都结婚了吗. 经济学(季刊), 15(3)：917-940.

李娟，魏菲. 伪装失望情绪促进合作并改善收益. 南京大学工作论文，2016.

奚恺元. 2006. 别做正常的傻瓜. 北京：机械工业出版社.

Kenrick D T. 2014. 理性动物. 魏群译. 北京：中信出版社.

Ainsworth S E, Baumeister R F, Ariely D, et al. 2014. Ego depletion decreases trust in economic decision making. *Journal of Experimental Social Psychology*, 54：40-49.

Allport F H. 1924. Response to social stimulation in the group. *Social Psychology*：260-291.

Alter A L, Hershfield H E. 2014. People search for meaning when they approach a new decade in chronological age. *PNAS*, 111（48）：17066-17070.

Asch S E. 1956. Studies of independence and conformity：I. a minority of one against a unanimous majority. *Psychological Monographs*, 70（9）：1-70.

Atkinson R C, Shiffrin R M. 1968. Some speculations on storage and retrieval processes in long-term memory. *Psychological Review*, 76（2）：775-777.

Aumann R J. 1976. Agreeing to disagree. *The Annals of Statistics*, 4（6）：1236-1239.

Balafoutas L, Sutter M. 2012. Affirmative action policies promote women and do not harm efficiency in the laboratory. *Science*, 335 (6068): 579-582.

Bargh J A, Shalev I. 2012. The substitutability of physical and social warmth in daily life. *Emotion*, 12 (1): 154-162.

Baskin E, Wakslak C J, Trope Y, et al. 2014. Why feasibility matters to gift recipients: a construal-level approach to gift exchange. *Journal of Consumer Research*, 41: 169-182.

Beecher H K. 1955. The powerful placebo. *Journal of the American Medical Association*, 159 (17): 1602-1606.

Bendixen M. 2014. Evidence of systematic bias in sexual over-and underperception of naturally occurring events: a direct replication of Haselton (2003) in a more gender-equal culture. Evolutionary Psychology. 12 (5): 1004-1021.

Belot M, Francesconi M. 2006. Can anyone be "the" one? Evidence on mate selection from speed dating. *Iza Discussion Papers*.

Blake P R, Mcauliffe K, Corbit J, et al. 2015. The ontogeny of fairness in seven societies. *Nature*, 528 (7581): 258-261.

Blanchard T C, Wilke A, Hayden B Y. 2014. Hot hand bias in monkeys. *Journal of Experimental Psychology: Animal Learning and Cognition*, 40: 280-286.

Bleske A L, Buss D M. 2000. Can men and women be just friends? *Personal Relationships*, 7 (2): 131-151.

Bloom P. 2010. Morality special: infant origins of human kindness. *New Scientist* 208 (2782): 44-45.

Brooks A W, Dai H, Schweitzer M E. 2013. I'm sorry about the rain! Superfluous apologies demonstrate empathic concern and increase trust. *Social Psychological & Personality Science*, 5(4): 467-474.

Buser T, Niederle M, Oosterbeek H. 2014.Gender competitiveness and career choices.*The Quarterly Journal of Economics*, 129 (3): 1409-1447.

Buser T. 2012. The impact of the menstrual cycle and hormonal contraceptives on competitiveness. *Journal of Economic Behavior & Organization*, 83 (1):1-10.

Camera G, Casari M, Bigoni M. 2013. Money and trust among

strangers. *PNAS*, 110（37）: 14889-14893.

Cameron J J, Stinson D A, Wood J V. 2013. The bold and the bashful: self-esteem, gender, and relationship initiation. *Social Psychological & Personality Science*, 4（4）: 685-691.

Campbell M W, De Waal F B. 2014. Chimpanzees empathize with group mates and humans, but not with baboons or unfamiliar chimpanzees. *Proceedings of the Royal Society B Biological Sciences*, 281: 20140013.

Ceci S J, Ginther D K, Shulamit K, et al. 2014. Women in academic science: a changing landscape. *Psychological Science in the Public Interest*, 15（3）: 75-141.

Chan E Y. 2015.Physically-attractive males increase men's financial risk-taking.*Evolution and Human Behavior*, 36: 407-413.

Chartrand T L, Bargh J A. 1999. The chameleon effect: the perception-behavior link and social interaction. *Journal of Personality & Social Psychology*, 76（76）: 893-910.

Cikara M, Fiske S T. 2013. Their pain, our pleasure: stereotype content and schadenfreude. *Annals of the New York Academy of Sciences*, 1299（1）: 52-59.

Clegg H, Nettle D, Miell D. 2011. Status and mating success amongst visual artists. *Lausanne Switzerland: Frontiers in Psychology*, 2（4）: 310.

Cole J, Spalding H. 2009. *The Invisible Smile: Living without Facial Expression.* Oxford: Oxford University Press.

Combs D J Y, Powell C A J, Schurtz D R, et al. 2009. Politics, schadenfreude, and ingroup identification: the sometimes happy thing about a poor economy and death. *Journal of Exeperimental Social Psychology*, 45: 635-646.

Cotton C, Mcintyre F, Price J. 2013. Gender differences in repeated competition: evidence from school math contests. *Journal of Economic Behavior & Organization*, 86（1）: 52-66.

Croix D D L, Mariani F. 2015. From polygyny to serial monogamy: a unified theory of marriage institutions. *Review of Economic Studies*, 82（2）: 565-607.

Cuddy C, Wilmuth C A, Carney D R. 2012. The benefit of power posing before a high-stakes social evaluation. *Harvard Business School Working Paper*, No. 13-027.

Dai H, Milkman K L, Riis J. 2014. The fresh start effect: temporal landmarks motivate aspirational behavior. *Management Science*, 60 (10): 2563-2582.

Damisch L, Stoberock B, Mussweiler T. 2010. Keep your fingers crossed! How superstition improves performance.*Psychological Science*, 21 (7): 1014-1020.

Devoe S E, Pfeffer J. 2007. Hourly payment and volunteering: the effect of organizational practices on decisions about time use. *Academy of Management Journal*, 50 (4): 783-798.

Dhar R, Simonson I. 1992. The effect of the focus of comparison on consumer preferences. *Journal of Marketing Research*, 29 (4): 430-440.

Dong L X, Tomlin B. 2012. Managing disruption risk: the interplay between operations and insurance. *Management Science*, 58(10): 1898-1915.

Dreber A, Rand D G, Fudenberg D, et al. 2008. Winners don't punish. *Nature*, 452 (7185): 348-351.

Eckel C C, Fatas E, Godoy S, et al. 2016. Group-level selection increases cooperation in the public goods game. PLOS ONE, 11 (8): e0157840.

Edgeworth F Y. 1881. Mathematical psychics: an essay on the application of mathematics to the moral sciences. *Economica-New Series*, 932 (6): 235-236.

Eerland A, Guadalupe T M, Zwaan R A. 2011. Leaning to the left makes the eiffel tower seem smaller: posture-modulated estimation. *Psychological Science*, 22 (12): 1511-1514.

Engelmann J M, Herrmann E, Tomasello M. 2016. Preschoolers affect others' reputations through prosocial gossip.*British Journal of Developmental Psychology*, 34 (3): 447-460.

Feinberg M, Willer R. Stellar J, et al. 2012. The virtues of gossip: reputational information sharing as prosocial behavior. *Journal of Personality & Social Psychology*, 102 (5): 1015-1030.

Festinger L, Carlsmith J M. 1959. Cognitive consequences of forced compliance. *Journal of Abnormal Psychology*, 58 (58): 203-210.

Fink B, Weege B, Flügge J, et al. 2012. Men's personality and women's perception of their dance quality. *Personality and Individual Differences*, 52: 232-235.

Finkel E J, Eastwick P W. 2016. Arbitrary social norms influence sex differences in romantic selectivity. *Psychological Science*, 20 (10): 1290-1295.

Fleming P A, Bateman P W.2016. The good, the bad, and the ugly: which Australian terrestrial mammal species attract most research? *Mammal Review*, 46 (4): 241-254.

Foster J D, Jonason P K, Shrira I, et al. 2014. What do you get when you make somebody else's partner your own? An analysis of relationships formed via mate poaching. *Journal of Research in Personality*, 52: 78-90.

Gilbert D T, Gill M J, Wilson T D. 2002. The future is now: temporal correction in affective forecasting. *Organizational Behavior & Human Decision Processes*, 88 (1): 430-444.

Ginsberg J, Mohebbi M H, Pate R S, et al. 2009. Detecting influenza epidemics using search engine query data. *Nature*, 457 (7232): 1012-1014.

Gneezy U, Leibbrandt A, List J A. 2016. Ode to the sea: workplace organizations and norms of cooperation. *The Economic Journal*, 126 (595): 1856-1883.

Gneezy U, Leonard K L, List J A. 2009. Gender differences in competition: evidence from a matrilineal and a patriarchal society. *Econometrica*, 77 (5): 1637-1664.

Gneezy U, List J A. 2013. *The Why Axis: Hidden Motives and the Undiscovered Economics of Everyday Life*. New York: Public Affairs.

Gneezy U, Niederle M, Rustichini A. 2003. Performance in eompetitive environments: gender differences. *Quarterly Journal of Economics*, 118 (3): 1049-1074.

Halpern S D, French B, Small D S, et al. 2015. Randomized trial of four financial-incentive programs for smoking cessation. *New England Journal of Medicine*, 372 (22): 2108-2117.

Henrich J, Ensminger J, Mcelreath R, et al. 2010. Markets, religion, community size, and the evolution of fairness and punishment. *Science*, 327 (5972): 1480-1484.

Hill S E, Delpriore D J, Vaughan P W. 2011. The cognitive consequences of envy: attention, memory, and self-regulatory depletion. *Journal of Personality & Social Psychology*, 101 (4): 653-666.

Hill S E, Rodeheffer C D, et al. 2012. Boosting beauty in an economic decline: mating, spending, and the lipstick effect. *Journal of Personality and Social Psychology*, 103 (2): 275-291.

Jena A B, Prasad V, Goldman D P, et al. 2015. Mortality and treatment patterns among patients hospitalized with acute cardiovascular conditions during dates of national cardiology meetings. *Jama Internal Medicine*, 175 (2): 237-244.

Johnson D D, Fowler J H. 2011. The evolution of overconfidence. *Quantitative Biology*, 477 (7364): 317-320.

Jiang B J, Tian L. 2016. Collaborative consumption: strategic and economic implications of product sharing. *Management Science*, online.

Jin G, Luca M, Martin D. 2015. Is no news(perceived as)bad news? An experimental investigation of information disclosure. *NBER*.

Kahneman D, Fredrickson B L. 1993. Duration neglect in retrospective evaluations of affective episodes. *Journal of Personality and Social Psychology*, 65 (1): 45-55.

Kahneman D, Wakker P P, Sarin R. 1997. Back to Bentham? Explorations of experienced utility. *Quarterly Journal of Economics*, 112 (2): 375-405.

Kray L, Gonzalez R. 1999. Differential weighting in choice versus advice: I'll do this, you do that. *Journal of Behavioral Decision Making*, 12 (3): 207-217.

Krizan Z, Johar O. 2012. Envy divides the two faces of narcissism. *Journal of Personality*, 80 (5): 1415-1451.

Lea A M, Ryan M J. 2015. Sexual selection. Irrationality in mate choice revealed by túngara frogs. *Science*, 349 (6251): 964-966.

Lin H, Tov W, Qiu L. 2014. Emotional disclosure on social networking sites: the role of network structure and psychological needs. *Computers in Human Behavior*, 41 (41): 342-350.

Liu P, Tov W, Kosinski M, et al. 2015. Do facebook status updates reflect subjective well-being? *Cyberpsychology Behavior & Social Networking*, 18 (7): 373-379.

Lu J, Jia H, Xie X, et al. 2016. Missing the best opportunity; who can seize the next one? Agents show less inaction inertia than personal decision makers. *Journal of Economic Psychology*, 54: 100-112.

Mani A, Mullainathan S, Shafir E, et al. 2013. Poverty impedes cognitive function. *Science*, 341 (6149): 976-980.

Miller D T, Karniol R. 1976. Coping strategies and attentional mechanisms in self-imposed and externally imposed delay situations. *Journal of Personality & Social Psychology*, 34 (2): 310-316.

Miller G E, Yu T, Chen E, et al. 2015. Self-control forecasts better psychosocial outcomes but faster epigenetic aging in low-ses youth. *PNAS*, 112 (33): 10325-10330.

Miller G. 2000. The mating mind: how sexual choice shaped the evolution of human nature. *American Anthropologist*, 24 (2): 512-521.

Nagel R. 1995. Unraveling in guessing games: an experimental study. *The American Economic Review*, 85 (5): 1313-1326.

Nettle D, Clegg H. 2006. Schizotypy, creativity and mating success in humans. *Proceedings of the Royal Society B Biological Sciences*, 273 (1586): 611-615.

Niederle M, Segal C, Vesterlund L. 2008. How costly Is diversity? Affirmative action in light of gender differences in competitiveness. *Management Science*, 59 (1): 1-16.

Noble K G, Houston S M, Brito N H, et al. 2015. Family income, parental education and brain structure in children and adolescents. *Nature Neuroscience*, 18 (5): 773-778.

Olenski A R, Abola M V, Jena A B. 2015. Do heads of government age more quickly? Observational study comparing mortality between elected leaders and runners-up in national elections of 17

Countries. *British Medical Journal*, 351: 1-7.

Ong D, Wang J.2015.Income attraction: an online dating field experiment. *Journal of Economic Behavior & Organization*, 111: 13-22.

Ors E, Palomino F, Peyrache E. 2013. Performance gender gap: does competition matter? *Journal of Labor Economics*, 31 (3): 443-499.

Perilloux C, Muñoz-Reyes J A, Turiegano E, et al. 2015. Do, (Non-American) men overestimate women's sexual intentions? *Evolutionary Psychological Science*, 1 (3): 150-154

Piff P K, Keltner D. 2012. Higher social class predicts increased unethical behavior. *PNAS*, 109 (11): 4086-4091.

Platek S M, Critton S R, Myers T E, et al. 2003. Contagious yawning: the role of self-awareness and mental state attribution. *Cognitive Brain Research*, 17 (2): 223-227.

Preis T, Moat H S, Stanley H E. 2013. Quantifying trading behavior in financial markets using google trends. *Scientific Reports*, 3 (7446): 542.

Proctor D, Williamson R A, De Waal F B M, et al. 2013. Chimpanzees play the ultimatum game. *PNAS*, 110 (6): 2070-2075.

Raihani N J, Mcauliffe K. 2012. Human punishment is motivated by inequity aversion, not a desire for reciprocity. *Biology Letters*, 8 (5): 802-804.

Rand D, Greene J D, Nowak M A. 2012. Spontaneous giving and calculated greed. *Nature*, 489: 427-430.

Rasoal C, Danielsson H, Jungert T. 2012. Empathy among students in engineering programmes. *European Journal of Engineering Education*, 37 (5): 427-435.

Romero T, Ito M, Saito A, et al. 2014, Social modulation of contagious yawning in wolves. *PLOS ONE*, 9 (8): e105963.

Roos P, Gelfand M, Nau D, et al. 2013. High strength-of-ties and low mobility enable the evolution of third-party punishment. *Proceedings of the Royal Society B Biological Sciences*, 281 (1776): 2013-2661.

Ruffle B J, Shtudiner Z. 2010. Are good-looking people more

employable? *Management Science*, 61（8）: 1760-1776.

Russel M J, Switz G M, Thompson K.1980.Olfactory influences on the human menstrual cycle. *Pharmacol Biochemistry and Behavior*, 13（5）: 737-738.

Ruttan R, McDonnell M H, Nordgren L. 2015. Having "been there" doesn't mean I care: when prior experience reduces compassion for emotional distress. *Journal of Personality and Social Psychology*, 108（4）: 610-622.

Satoshi K. 2011. Intelligence and physical attractiveness. *Intelligence*, 39（1）: 7-14.

Shah A K, Mullainathan S, Shafir E. 2012. Some consequences of having too little. *Science*, 338（6107）: 682-685.

Shamay-Tsoory S G, Fischer M, Dvash J, et al. 2009. Intranasal administration of oxytocin increases envy and schadenfreude (gloating). *Biological Psychiatry*, 66（9）: 864-870.

Sigall H, Ostrove N. 1975. Beautiful but dangerous: effects of offender attractiveness and nature of crime on juridic judgment. *Journal of Personality & Social Psychology*, 31（3）: 410-414.

Singer T, Seymour B, O'Doherty J P, et al. 2006. Empathic neural responses are modulated by the perceived fairness of others. *Nature*, 439（7075）: 466-469.

Sivanathan N, Pettit N C. 2010. Protecting the self through consumption: status goods as affirmational commodities. *Journal of Experimental Social Psychology*, 46（3）: 564-570.

Slepian M L, Ferber S M, Gold J M, et al. 2015. The cognitive consequences of formal clothing. *Social Psychological and Personality Science*, 6（6）: 661-668.

Smith F G, Debruine L M, Jones B C, et al. 2009. Attractiveness qualifies the effect of observation on trusting behavior in an economic game. *Evolution & Human Behavior*, 30（6）: 393-397.

Steenbergen L, Sellaro R, Colzato L S. 2014. Tryptophan promotes charitable donating. *Frontiers in Psychology*, 5: 1451.

Stellar J E, Manzo V M, Kraus M W, et al. 2011. Class and compassion: socioeconomic factors predict responses to suffering. *Emotion*, 12（3）: 449-459.

Sundie J M, Kenrick D T, Griskevicius V, et al. 2011. Peacocks, porsches, and thorstein veblen: conspicuous consumption as a sexual signaling system. *Journal of Personality & Social Psychology*, 100（4）: 664-680.

Swami V, Tovée M J. 2006. Does hunger influence judgments of female physical attractiveness? *British Journal of Psychology*, 97（3）: 353-363.

Takahashi H, Kato M, Matsuura M, et al. 2009. When your gain is my pain and your pain is my gain: neural correlates of envy and schadenfreude. *Science*, 323（5916）: 937-939.

Thaler R. 1980. Toward a positive theory of consumer choice. *Journal of Economic Behavior & Organization*, 1（1）: 39-60.

To S. 2015. China's leftover women: late marriage among professional women and its consequences. *Asian Journal of Women's Studies*, 31（4）: 471-474.

Trimmer P C, Marshall J A R, Fromhage L, et al. 2013. Understanding the placebo effect from an evolutionary perspective. *Evolution and Human Beahvior*, 34（1）: 8-15.

Tversky A, Kahneman D. 1981. The framing of decisions and the psychology of choice. *Science*, 211（4481）: 453-458.

Vaillancourt T, Sharma A.2011.Intolerance of sexy peers: intrasexual competition among women. *Aggressive Behavior*, 37（6）: 569-577.

Van Baaren R B, Holland R W, Steenaert B, et al. 2003. Mimicry for money: behind consequences of imitation. *Joural of Experimental Social Psychology*, 39（4）: 393-398.

Van den Bos R, Homberg J, De Visser L. 2013. A critical review of sex differences in decision-making tasks: focus on the Iowa Gambling Task. *Behavioural Brain Research*, 238（1）: 95-108.

Wang X T, Johnston V. 1995. Perceived social context and risk preference: a re-examination of framing effects in a life-death decision problem. *Journal of Behavioral Decision Making*, 8: 279-293.

WilliamsJ A, Bargh L E. 2008. Experiencing physical warmth promotes interpersonal warmth. *Science*, 322（5901）: 606-607.

Woolley K, Fishbach A. 2016. A recipe for friendship: similar food consumption promotes trust and cooperation. *Journal of Consumer Psychology*, forthcoming.

Yoeli E, Hoffman M, Rand D G, et al. 2013. Powering up with indirect reciprocity in a large-scale field experiment. *PNAS*, 110 (25): 10424-10429.

Zhu R, Chen X, Dasgupta S. 2008. Can trade-ins hurt you? Exploring the effect of a trade-in on consumers' willingness to pay for a new product. *Journal of Marketing Research*, 45 (2): 159-170.

致 谢

回首本书的撰写、修改经历，不由得要感叹：无巧不成书！

人有机会以史为镜，以父母、兄妹及朋友为镜，却不常有机会以过去的自己为镜，本书的写作经历给了笔者一次反思过去自己在研究方面的理解力和解释力的机会。2015年年初，笔者到华盛顿大学圣路易斯分校进行为期一年的学术交流。所访问的张付强教授和姜宝军教授言传身教，让笔者学到了如何去做一个规范的、有价值的研究，日常接触较多的博士生们也给笔者带来很多触动。为提高对研究的领悟力，笔者把对做研究态度的思考，以一种表达自己对所从事研究领域的观点的形式，用文字形式记录下来。

追根溯源，对行为决策的思考始于2007年的暑假。当时，上海交通大学安泰经济与管理学院运作管理系时任海外系主任宋京生教授组织了一个暑期学术工作坊，其中的一个学术报告是关于有限理性的论文。当时笔者正处于思考如何独立从事科学研究的挣扎阶段，听完这篇关于有限理性的论文，决定今后的研究围绕着该话题展开。在2008年年初，笔者博士毕业后，得到上海交通大学安泰经济与管理学院秦向东教授的指导和帮助，学习和了解了关于行为经济学的基本思想及实验开展方法。到2010年，笔者到南京大学工程管理学院工作，学院里有几位同事的研究兴趣和笔者较为接近，李心丹教授的主要研究兴趣是行为金融，周晶教授的主要研究兴趣是行为交通，肖条军教授的主要研究兴趣是演化博弈论，与他们的交流让笔者受益匪浅。在时任院长李心丹教授的鼓励下，笔者为研究生开设了一门"决策理论与决策行为"课程。备课过程中，笔者和同事瞿慧副教授有很多讨论；上课过程中，一届届的同学给出了很多宝贵的反馈和建议。

在 2015 年写作期间，和具有相同的生命体验或共同价值观的朋友们的交流带给笔者很多启迪。感谢加利福尼亚大学欧文分校尹淑雅副教授、加利福尼亚大学戴维斯分校陈蓉副教授、华盛顿大学圣路易斯分校董灵秀教授、香港城市大学陈友华教授、南加利福尼亚大学朱阳副教授、杜克大学宋京生教授、特拉华大学陈滨桐教授、中国科学技术大学苟清龙副教授、纽约大学肖文强副教授、加拿大温莎大学张国庆教授、明尼苏达大学双城分校崔海涛副教授、佛罗里达大学潘霞君助理教授、纽约城市大学李杉助理教授、新加坡南洋理工大学刘方助理教授、香港中文大学龚锡挺助理教授、深圳大学马利军副教授、中国科学院数学与系统科学研究院姚大成助理研究员、南京大学周晶教授、南京大学肖斌卿副教授、南京大学刘烨副教授、南京大学心理健康教育与研究中心徐花副教授、上海龙华医院贯剑副主任医生和南京医科大学附属第二医院沈百欣副教授、香港理工大学郭晓朦助理教授、南京大学工程管理学院李浩副书记、佛罗里达大学郑权博士生、苏宁集团物流部门李磊总监、伊藤忠（中国）集团有限公司吕静杰女士、香港某国际学校郭嘉楷小朋友、深圳市某幼儿园中班桃桃小朋友，以及华盛顿大学圣路易斯分校奥林商学院运作管理和营销管理领域的博士生们：肖光（现任香港理工大学助理教授）、许发胜、邹天忻、杨碧程、张任宇（现任上海纽约大学助理教授）、姜振玲和石铎。

每篇文章的初稿，都在朋友圈中张贴，学术领域的很多好友，特别是南加利福尼亚大学朱阳副教授几乎对每一篇文章都实时地给出了建议和阅读后的感受，让笔者能够在初稿写作阶段获得实时的建议，极大地保证了写作的质量。亦师亦友的瑞典林雪平大学唐讴教授给予笔者很多鼓励，并提醒文章表述要做到准确。在初稿形成的早期阶段，南开大学李响副教授建议标注学术文章的出处，将有助于读者深入阅读,这个建议使得最后成稿的书中有了完整的参考文献。

可以刊出的书稿,三分功力在初稿写作,七分功力在后期校稿。在劳心、劳力的校稿过程中,得到了同事、朋友、学生及家人的帮助。

复旦大学胡奇英教授在繁忙的教学、科研工作之余,花费大量精力逐字校读了每篇文章,并给出视角独特的点评。笔者与胡教授就本书中的一些关键的、核心主题和观点进行过多次探讨,胡教授的校读和点评让笔者有信心公开出版本书稿。

中国科学技术大学荀清龙副教授付出了很多本应做学术研究和指导学生的精力,以发表学术期刊论文的标准,字斟句酌地进行审读,给出了很多批判性的建议。

南加利福尼亚大学朱阳副教授付出大量心力,逐篇审读并给出了建设性的建议,促进了笔者对相关问题的深入思考,也将他的部分观点体现在行文中,供读者享鉴。

南京大学瞿慧副教授花费了本应陪伴女儿的无数个周末时光,逐篇阅读,给出了很多不同于笔者的研究观点,促使笔者冷静思考。

纽约城市大学李杉助理教授为笔者提供了东西方思维视角以分析行为决策的差异。她评论道:如何理解人的行为决策,会受曾经的教育经历、所处的社会现实形态的潜移默化的影响,很多时候,人是不识庐山真面目,只缘身在此山中。感谢李杉助理教授帮助笔者抽身出来,回望和反思在东方文化中成长、生活的自己。

身处繁忙科研活动和行政事务的南京大学周晶教授,利用周末、参加各类会议的途中审读了每篇文章的行文逻辑和语气。她建议容易被接受的观点往往是"柔和"的,特别是对于读书人,这促使笔者反思和审视一些过于绝对的表述。

明尼苏达大学双城分校崔海涛副教授、伊利诺伊大学香槟分校刘云川副教授、东南大学张玉林教授和何勇教授、天津大学刘伟华教授、纽约州立大学布法罗分校庄俊副教授、上海大学赵晓敏副教授、上海纽约大学张任宇助理教授、上海龙华医院副主任医生贯剑、南京医科大学附属第二医院沈百欣副教授，以及笔者在南京大学的同事李心丹教授、徐小林教授、肖条军教授、刘烨副教授、徐花副教授、杨佩博士等都从不同角度为本书提出了建议。

已经毕业、正在就读、即将就读的学生为本书提出了很多宝贵建议。南京大学石玲花费了难以计数的时间和精力，修改了本书中的语病、错别字等问题，并在反复通读全书的基础上，帮助笔者撰写了每篇文章的篇首点睛之语。东北大学刘洋，南京大学陈天水，香港科技大学董昶，南京大学夏秋妹、尤顺利和芮家琪等给予了无私的帮助和支持。

在和出版社联系阶段，加拿大新布朗什维克大学杜东雷教授提供了一些和出版社联系之前关键性的准备工作的建议。

在审稿过程中，科学出版社朱丽娜编辑不墨守成规，对书稿段落结构、楔子和市场定位提出了很多创新性的建议。她具有敏锐的洞察力，善于发现细节问题，她的知识面也很广泛，对本书涉及的研究领域都很熟悉，这是无比宝贵的。在校稿过程中，科学出版社高丽丽编辑对行文进行了严谨的校读，极大地改善了行文的流畅性。

南京大学医学院朱亚文教授在科研工作之余，与笔者逐篇讨论了插图的主题。朱教授关于"管理研究结论可用画面表达，画面可以简单地传递一种情景，也可以传达一种意境"的观点，促使笔者采用生动的例子表达行为决策的要义。

朱亚文教授与其爱子朱颖弢硕士为本书绘制了插图，增强了行文的观赏流畅性，未署名的插画皆为朱亚文教授所绘。

南京大学盛昭瀚教授在繁忙的科研工作之余，花费了大量的时间和精力，逐篇阅读了每一篇文章，给予了关于书稿的修改建议，并且慷慨地花费精力，字斟句酌地为本书作序。

杜克大学宋京生教授是笔者读博士期间的授课老师，她曾经言传身教地给予了笔者很多如何深入思考问题、做高水平研究工作的建议，如今也非常慷慨地付出时间和精力评议书稿。

书中部分画面来自于笔者的家人和朋友应笔者之邀的摆拍或日常照片，回忆与他们相处的画面，让笔者对生活多了一些感性思考。

笔者之所以可以在心理学和运作管理学的交叉领域自由探索，从容地思考，都要归功于国家自然科学基金项目（编号：71471086、71271111、70802041）的慷慨资助。

最后，感谢家人对笔者的爱护和支持。

蓦然回首，若没有为南京大学学生开设行为决策类课程的授课要求，没有 2015 年在美国一年的学术访问经历，没有自己曾经经历的研究过程的困惑，没有老师们引领进入心理学和运作管理的交叉研究领域，没有朋友的鼓励和热心支持，没有科学出版社的热情、主动、迅速的反馈，便也没有此书了。

文章千古事，得失寸心知。白纸黑字从来都不全是真理，审读稿件的同行们也提出很多犀利的建议：书中所言并非只是决策层面，还会有些类似于人格管理管理的内容；所言关于行为决策的内容只写出了知其然的，而没有写尽知其所以然；各篇章间的逻辑性还可以紧凑些。受限于笔者的能力，未能依从这些宝贵的建议并一一修改到位。所言若有不妥、不对之处，皆为作者一人之责。

李文娟

2016 年 9 月 10 日于南京